뷰티
앤
컬러

뷰티 앤 컬러

BEAUTY & COLOR

정연자 · 신세영 · 제나나 · 윤지영

교문사

PREFACE
머리말

뷰티란 인간의 아름다움을 목표로 하는 몸의 미학이다. 그리고 색채는 우리가 살고 있는 환경 전반에서 아름다움을 표현하는 강력한 힘을 가지고 있다. '뷰티 앤 컬러 Beauty & Color'는 인체뿐만 아니라 생활을 풍부하게 만들어주기도 하며 심리상태를 변화시키기도 하는 감성을 담아 융합적 관점에서 색채를 다루고자 하였다. 감성을 표현하고 창조적 가치를 창출하는 색채를 이해하는 기초이론을 시작으로, 이론을 기반으로 색채를 도출하여 색채 배색 조화와 감성 배색 계획을 할 수 있도록 하였다. 크게 '색이란?, 디자인 아이콘, 클래식 뷰티, 퍼스널 컬러, 컬러 이모션, 컬러스토리텔링, 뷰티컬러플래닝'의 7개 Chapter로 구성하였다.

Chapter 01 '색이란?'에서는 색의 지각과정을 기반으로 한 '색채의 개념', 색이 가지고 있는 기본적인 '색의 분류', KS 기본 색명을 기준으로 한 KS 색조(Tone)를 이해할 수 있는 '색명' 등에 대한 것을 다루었다.

Chapter 02 '디자인 아이콘'에서는 고대에서부터 현대까지의 디자인 흐름을 살펴보았다. 구석기시대, 이집트시대, 그리스·로마시대를 다룬 고대시대, 르네상스시대부터 바로크, 로코코시대를 다룬 중세시대, 미술공예운동, 사실주의, 인상파, 야수파, 비대칭 추상미술, 큐비즘, 바우하우스, 데스틸, 아르누보, 아르데코, 구성주의, 아방가르드, 미래주의를 설명한 근대, 플럭서스, 페미니즘, 포토리얼리즘, 포스트모더니즘, 키치, 해체주의 등을 다룬 현대까지 살펴보았다.

Chapter 03 '클래식 뷰티'에서는 시대별 뷰티문화에 대해 논하였으며 디자인 아이콘과 연계성을 파악할 수 있도록 하였다. 오리엔탈리즘을 대표했던 1900년대, 뱀프스타일의 1910년대, 단순성과 기능성을 추구한 스모키 아이를 대표하는 1930년대, 성숙하고 우아한 여성스러운 스타일의 1940년대, 클래식하며 우아한 1950년대, 트위기스타일의 1960년대, 펑크스타일의 1970년대, 컬러의 확장이라고 할 수 있는 1980년대, 에콜로지풍의 1990년대, 다양함과 융합적인 시대 2000년 이후까지 다루었다.

Chapter 04 '퍼스널 컬러'에서는 퍼스널 컬러의 개념과 역사, 그리고 봄, 여름, 가을, 겨울의 사계절형(four seasons color)에 대해서 살펴보았다. 퍼스널 컬러 진단시스템에 따라 퍼스널 컬러 진단방법, 사계절형 컬러이미지를 살펴보고 퍼스널 컬러 유형별 특징 및 코디를 제안하였다.

Chapter 05 '컬러 이모션'에서는 색을 볼 때 생각해 내는 색채 연상, 색을 보고 느끼는 감정을 형용사로 분류해 놓은 이미지 스케일, 색상과 색조 배색에 따른 감성언어 이미지 배색에 대해 다루었다.

Chapter 06 '컬러스토리텔링'에서는 기능·목적에 따라 색을 알맞게 배치하여 조화되도록 만드는 방법에 대해 살펴보았고, 이야기를 색채에 적용하여 감성과 커뮤니케이션을 전달하는 방법, 그리고 콘셉트를 색채 이미지로 전달하는 방법에 대해 다루었다.

Chapter 07 '뷰티컬러플래닝'에서는 디자인 프로세스를 소개하고 이에 따라 헤어, 메이크업, 보디페인팅, 네일 디자인의 콘셉트에 따른 뷰티 앤 컬러 디자인의 작품을 표현하고 창조하는 방법을 실었다.

또 Chapter 01에서 Chapter 07까지 PRACTICE를 제공하여 실제로 이론을 적용할 수 있도록 하였다.

저자들은 전문적인 색채 교재의 딱딱함에서 벗어나 색채의 기본을 잘 짚어 주면서 뷰티와 색채를 아우를 수 있는 구성을 고민하며 뜻을 모았다. 이 책이 뷰티와 색채에 대한 커뮤니케이션 방법을 잘 알려주는 좋은 지침서가 되리라 믿는다. 뷰티컬러플래닝에 작품 사진을 싣도록 허락해 준 보디페인팅 장한솔, 네일 디자인 김기현, 메이크업 우정아, 헤어 (주)준오뷰티에 감사한 마음을 표한다. 수없이 많은 교정에도 불평하지 않으시고 아름다운 책을 만들어주신 교문사 사장님을 비롯한 관계자분들께 감사드린다.

2017년 2월
저자 일동

COLOR?

DESIGN ICON

CLASSIC BEAUTY

PERSONAL COLOR

COLOR EMOTION

COLOR STORYTELLING

BEAUTY COLOR PLANNING

01
COLOR?

색이란?

색이란?
COLOR?

인간을 둘러싸고 있는 모든 환경은 색채를 지니고 있다. 인간은 색채와 더불어 생활하고 있으며 일상생활 속에서의 다양한 정보를 신속하고 효율적으로 취사선택하기 위해 색채를 활용하고 있다. 색은 우리에게 다양한 감정을 느끼게 해주고, 우리의 생활을 풍부하게 만들어주기도 하며, 우리의 심리 상태를 변화시키기도 하는 강력한 힘을 가지고 있다.

색채의 개념

색이란 빛이 물체를 비추었을 때 생겨나는 반사, 흡수, 투과, 굴절, 분해 등의 과정을 통해 인간의 눈을 자극함으로써 생기는 물리적인 지각현상을 말한다. 물리학적으로 색은 빛이며, 다양한 빛의 파장 중 인간이 지각할 수 있는 380~780nm 범위를 가시광선(Visible Light)이라 부른다. 우리가 무언가의 색을 보기 위해서는 빛(광원)과 물체와 시각(눈)이 있어야 하며 이를 색 지각의 3요소라고 한다. 우리 눈에 보이는 색은 세 가지로 분류할 수 있으며, 광원의 빛을 보는 경우, 물체에서 반사 또는 흡수하여 보여지는 경우, 물체를 투과하여 보여지는 경우이다. 이 중 우리가 보는 대부분의 대상 색은 물체가 빛을 반사 또는 흡수하여 보여지는 경우이며, 빨간 장미가 빨갛게 보이는 것은

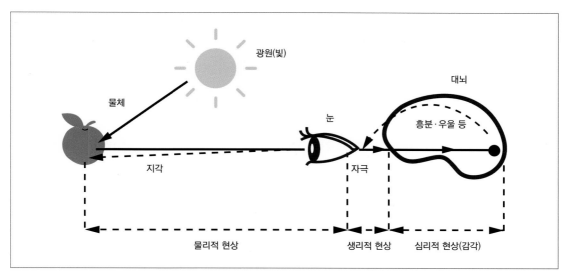

색채 지각 과정

다양한 빛으로 구성된 가시광선의 파장 중 빨간 파장만 반사되고 나머지 파장은 흡수되었기 때문이다. 가시광선의 모든 빛이 반사가 된 경우는 흰색으로, 모든 빛이 흡수가 된 경우는 검정색으로 보이게 된다.

색채는 물체의 색이 망막에 의해 지각됨과 동시에 발생되는 느낌, 연상, 상징 등의 경험효과가 더해지는 것으로 빛에 의해 생기는 물리적인 지각현상인 색을 느끼고 해석해서 도출된 심리적인 현상의 결과물이다. 우리의 대뇌에는 색채에 대한 경험과 지식이 저장되어 있는데 특정 색에 대한 자극을 받아들이게 되면 객관적인 색의 정보에 기존 정보가 연합되어 특정 색채에 대한 감정을 느끼게 되는 것이다. 따라서 동일한 색을 보더라도 색을 보는 사람에 따라 색채는 다르게 해석될 수 있다.

색채의 속성

인간은 색이 가지고 있는 기본적인 속성을 기준으로 색의 차이를 구별하는데 이를 색의 3속성이라고 하며, 색상, 명도, 채도가 이에 해당된다. 인간은 색의 3속성 중에서 명도는 500가지, 색상은 200가지, 채도는 20여 가지를 구별할 수 있다.

1 색상 Hue

빛의 파장 차이에 의해 보여지는 빨강, 파랑 등의 색기미를 색상이라 한다. 색상은 색기미의 유무에 따라 무채색과 유채색으로 구분된다. 시감각에 따라 순차적으로 배열한 것을 색상환이라고 부르고, 색상환에서 서로 가까이 위치한 관계를 유사색, 거리가 먼 색과의 관계를 반대색이라고 하며 특정 색을 기준으로 가장 멀리 위치한 색의 관계를 보색이라고 한다.

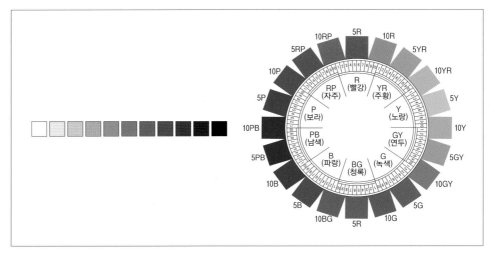

무채색과 유채색

2 명도 Value, Lightness

색의 밝고 어두운 정도를 명도라 한다. 흰색에서부터 검정 사이에 회색들을 균등하게 변화시켜 나열해놓은 것을 그레이 스케일(Gray scale)이라고 한다. 밝음과 어두움의 단계에 따라 고명도, 중명도, 저명도로 구분한다.

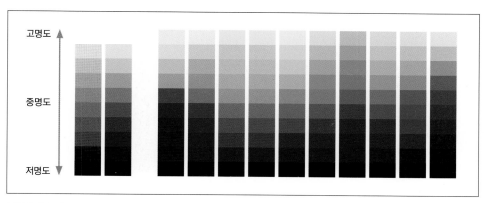

무채색과 유채색의 명도단계

3 채도 Chroma, Saturation

채도는 색의 선명한 정도를 말한다. 순색에 무채색 또는 다른 색이 섞일수록 채도는 낮아지며, 혼합량이 적을수록 채도는 높아진다. 채도가 가장 높은 색에서부터 고채도, 중채도, 저채도라 부른다. 채도는 같은 밝기 내에서 무채색으로부터 얼마나 떨어져 있는지를 나타내는 속성이다.

유채색의 채도단계

색채의 전달 체계

색에 관한 정보를 전달할 때 우리는 두 가지 방법으로 이야기 할 수 있는데, 하나는 색이름이고 다른 하나는 색견본을 직접 보여주는 방법이 있다. 색이름을 통한 방법은 특별한 전문적 지식이 필요 없으며, 숫자나 기호보다 기억하기 쉽고 표현이 용이하며 감성을 함께 전달할 수 있는 장점이 있다. 반면, 인간이 지각할 수 있는 수백만 가지의 모든 색채에 이름이 명명되어 있지 않고 일상에서 통용되는 색이름이 20~30가지 정도밖에 되지 않아 감성과 관련되어 가변적이고 주관적일 수 있는 색정보를 명확하게 전달할 수 없는 한계가 있다. 따라서 색을 정확하게 측정하고 기록, 전달, 관리하기 위한 수단이 필요하다. 이처럼 색을 기억하기 쉽고 사용하기 간편하도록 정량적으로 체계화시킨 것을 표색계라고 한다. 표색계는 인간의 색 지각에 기초하여 심리적 3속성인 색상, 명도, 채도에 의해 물체색을 순차적으로 배열한 것으로 나라마다 3속성의 배열과 구성에 차이가 있다. 대표적인 표색계로는 먼셀(Munsell) 표색계와 스웨덴의 NCS(Natural Color System), 독일의 DIN 표색계가 있다.

1 먼셀 색체계

미국의 화가이자 색채 연구가인 알버트 먼셀(Albert H. Munsell, 1858~1918년)에 의해 체계화된 최초의 표색계이다. 1940년 미국의 광학협회(Optical Society of America)에 의하여 수정되었으며, 우리나라를 비롯하여 미국, 일본, 유럽 등 전 세계에서 색채계의 기본으로 사용되고 있다. 우리나라에서는 이 표색계를 1965년 한국 공업규격(KS A0062)으로 채택하였다.

먼셀 색입체는 색의 3속성인 색상, 명도, 채도를 정량적인 물리값이 아닌 인간의 시감에 따라 균등하게 배열되도록 하였다. 명도로 이루어진 무채색을 중심으로 그 주변에 색상을 둥글게 배열시키며 무채색의 기준 축에서 위로 갈수록 고명도, 아래로 갈수록 저명도가 되도록 배열하였다. 채도는 무채색의 기준 축에 가까울수록 저채도, 중심축에서 멀어질수록 고채도가 되게 하여 나무 형태와 같은 구조로 체계화 시켰으며 이것을 컬러트리(Color Tree)라 한다.

먼셀 색표계의 색상(Hue)은 색의 개념을 의미하며, 빨강(red), 노랑(yellow), 녹색(green), 파랑(blue), 보라(purple)의 5가지 색을 기준색으로 정하고 중간색인 주황(yellow red), 연두(green yellow), 청록(blue green), 남색(purple blue), 자주(red purple)를 기준색 사이에 배열하여 기본 10색을 구성하였다. 각 색상마다 5를 중심으로 0~10까지 눈금을 등간격으로 나누어 모든 색상을 100가지로 구성하였다. 예를 들어 5R은 Red의 중심이 되며 5R보다 큰 수의 색상은 노랑기미를 띤 빨강이 되고 5R보다 작은 수의 색상은 보라기미의 빨강을 의미한다.

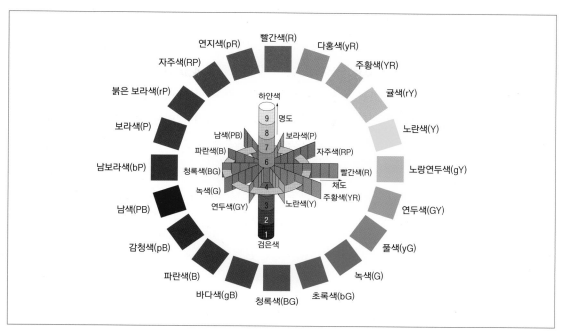

먼셀 색상환

먼셀 색명과 색기호

번호	색명	영문색명	먼셀기호	한국표준색의 색기호	번호	색명	영문색명	먼셀기호	한국표준색의 색기호
1	빨강	red	5R 4/4	5R 4/4	11	청록	blue green(cyan)	5BG 5/10	5BG 5/10
2	다홍	yellowish red	10R 5/14	10R 5/14	12	바다색	greenish blue	10BG 5/10	10BG 5/10
3	주황	yellow red(orange)	5YR 6/12	5YR 6/12	13	파랑	blue	5B 5/10	5B 5/10
4	귤색	reddish yellow	10YR 7/12	10YR 7/12	14	감청	purplish blue	10B 5/12	10B 5/12
5	노랑	yellow	5Y 8/14	5Y 8/14	15	남색	purple blue(violet)	5PB 4/12	5PB 4/12
6	노랑연두	greenish yellow	10Y 8/12	10Y 8/12	16	남보라	bluish purple	10PB 4/12	10PB 4/12
7	연두	green yellow	5GY 7/10	5GY 7/10	17	보라	purple	5P 4/10	5P 4/10
8	풀색	yellowish green	10GY 6/10	10GY 6/10	18	붉은 보라	reddish purple	10P 4/12	10P 4/12
9	녹색	green	5G 5/10	5G 5/10	19	자주	red purple (magenta)	5RP 4/12	5RP 4/12
10	초록	bluish green	10G 5/10	10G 5/10	20	연지	purplish red	10RP 4/12	10RP 4/12

먼셀 명도(Value)는 밝고 어두움을 의미하며, 빛을 완전히 반사하는 이상적인 백색을 10으로, 빛을 완전히 흡수하는 이상적인 검정을 0으로 하여 등간격이 되도록 배열하였다. 하지만 현실에서는 이상적인 흑색과 백색이 존재하지 않으므로 1.5~9.5단계의 10단계로 구분하여 번호를 붙여 사용하고 있다. 번호가 증가하여 흰색에 가까울수록 고명도, 번호가 낮아져 검정색에 가까울수록 저명도로 구성되며 명도 변화의 단계를 표기한 것을 그레이 스케일(Gray scale)이라고 부른다.

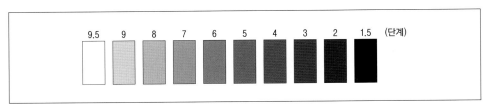

먼셀의 명도단계

먼셀의 채도(Chroma)는 선명함과 탁함의 정도를 의미하며 무채색의 축을 0으로 하고 수평 방향의 바깥으로 멀어질수록 채도가 높아진다. 채도단계는 1~18단계로 구분되며 색상에 따라 채도값은 달라지는데 빨강과 노랑의 채도단계가 가장 높고 청록과 파랑의 채도단계는 낮다.

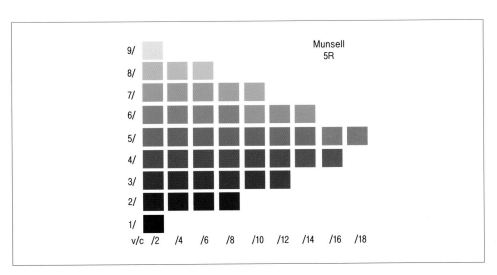

먼셀의 채도단계

먼셀 색체계에서 색 표기 방법은 색상, 명도, 채도 순서로 표시하며 기호로는 HV/C 이다. 예를 들면 5R 6/10의 경우 5R은 색상, 6은 명도, 10의 채도를 가진 색을 말한다. 무채색은 영문의 Neutral의 앞글자를 따서 N1.5, N9.5 등으로 표기한다.

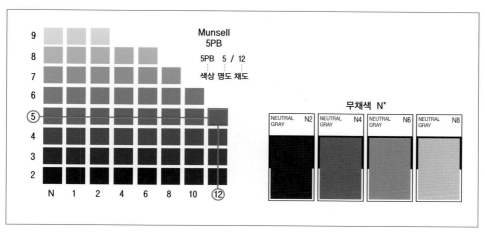

먼셀 색체계의 색 표기 방법

2 PCCS Practical Color Co-ordinate System

1964년 일본색채연구소에서 색채조화를 목적으로 제작된 것으로 명도와 채도의 복합 개념인 톤과 색상으로 분류된 색표집이다. PCCS는 색상이 24색, 명도는 0.5단계를 세분화하여 17단계, 채도는 9단계로 구분되어 있다. 명도와 채도의 복합 개념인 톤을 색공간에 12종류로 설정하여 색채 이미지 조사 또는 색채 배색 조화에 활용하기 쉽도록 되어 있어 패션, 미용계에서 활용도가 높다. 하지만 색지각에 따른 지각적 등보성을 가지고 있지 않아 색채 관리 및 조색, 색좌표의 전달에는 적합하지 않으며 국제적 색체계로 인정받지는 못한다.

색상

PCCS의 색상은 인간의 지각에 기초를 이루는 4가지 색상인 빨간색, 노란색, 초록색, 파란색을 중심으로 해당 색의 심리보색을 반대 위치에 둔다. 8가지 색상에 색상 간격이 고르게 느껴지도록 4가지 색상을 더하고 이를 분할하여 24색상이 되도록 구성하였다. 이렇듯 색상의 분할은 12분할을 기초로 하는데 이는 배색 구성상 2색배색 뿐만 아니라

3색배색, 4색배색 등 다색배색을 편리하게 구성하도록 하기 위해 설정되었다. 색상의 기호는 숫자와 기호를 ':'를 사용하여 연결한다. 색상 기호는 색상명의 영문 머리 글자를 표기하고, 색상의 형용사를 소문자로 앞에 붙이고, 빨간색의 색상부터 번호를 붙여 1:pR, 2:R, 3:yR 등으로 표시한다.

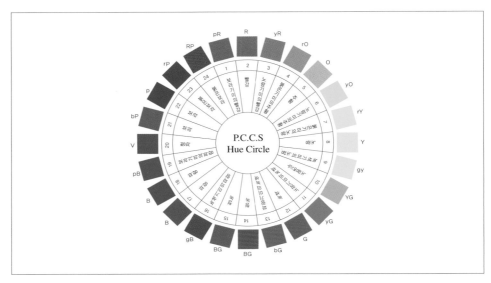

PCCS 색상환

톤

PCCS는 각 색상의 같은 명도와 채도의 색을 구분지어 유채색은 12종류, 무채색은 5종류로 총 17종류의 톤으로 구분되어 있다. 유채색 톤은 p(pale=엷은), lt(light=연한), b(bright=밝은), v(vivid=해맑은), s(strong=강한), sf(soft=부드러운), d(dull=칙칙한), dp(deep=짙은), dk(dark=어두운), ltg(light grayish=밝은 회색기의), g(grayish=회색기의), dkg(dark grayish=어두운 회색기의)의 12종류이다. 무채색은 W(White), ltGy(light grayish), mGy(medium grayish), dkGy(dark grayish), Bk(black)의 5종류이다.

 같은 톤에 속해 있는 색들은 동일한 감정 효과을 전달할 수 있어서 배색조화를 고려할 시 손쉽게 사용할 수 있다. 톤을 활용하여 색을 표기할 경우 톤의 약호를 먼저 쓰고 색상번호를 뒤에 붙이면 된다. 예를 들어 pale 톤의 12번 색상은 p12라고 색을 표기한다. 무채색의 경우는 흰색은 W, 검정색은 Bk, 이외 무채색은 명도를 나타내는 숫자에 Gy를 붙여 Gy-5 와 같이 사용한다.

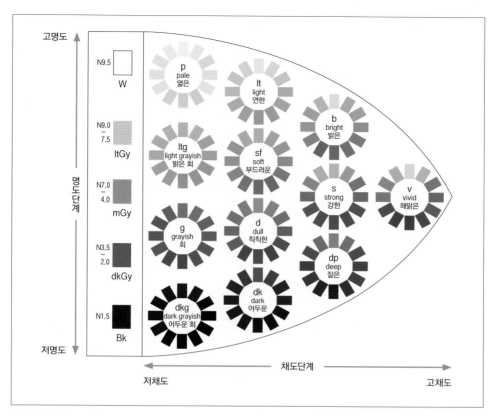

PCCS 톤 분류

3 색이름

색이름이란 특정 색에 이름을 명명하여 표시하는 방법이다. 색이름은 부르기가 쉽고 기억하기가 용이하며 색에 대한 감정적 이미지를 전달하기가 쉬워 일반적으로 널리 통용되어 사용된다. 한국산업표준 색체계에서는 색명의 속성에 따라 기본 색이름, 일반 색이름, 관용 색이름으로 분류한다.

기본 색이름(basic color names)

특별한 사물을 지칭하거나 다른 색을 함께 연상시키거나 수식어가 붙지 않는 색이름을 말하며, 색을 서술하거나 표기할 때 사용되는 색채 전문용어이다. 한국 산업규격(KS A0011)에 제시되어 있는 기본색은 유채색 12색과 무채색 3색으로 총 15개이다.

유채색과 무채색의 기본 색이름

기본 색이름	대응 영어	약호	3속성에 의한 표시
빨강(적)	Red	R	7.5R 4/14
주황	Orange → Yellow Red	O → YR	2.5YR 6/14
노랑(황)	Yellow	Y	5Y 8.5/12
연두	Yellow Green → Green Yellow	YG → GY	7.5GY 7/10
초록(녹)	Green	G	2.5G 4/10
청록	Blue Green	BG	10BG 3/8
파랑(청)	Blue	B	5PB 4/10
남색(남)	Bluish Violet → Purple Blue	bV → PB	7.5PB 3/10
보라	Purple	P	5P 3/10
자주(자)	Reddish Purple → Red Purple	rP → RP	7.5RP 3/10
분홍	Pink	Pk	10RP 7/8
갈색(갈)	Brown	Br	5YR 4/8
하양(백)	White	W	N 9.5
회색(회)	(neutral)Grey(영) (neutral)Gray(미)	Gy	N 5
검정(흑)	Black	Bk	N 0.5

→ 2015년 개정

일반 색이름(Systematic color names)

일반 색이름은 색상을 나타내는 기본 색이름에 색의 3속성인 색상, 명도, 채도의 수식형을 붙여 만든다. 적은 수의 단어로 많은 색을 표현할 수 있는 장점이 있으며 언어를 통해 대략적인 색채 이미지를 전달할 수 있다. 한국산업규격에서 일반 색이름의 수식어는 3가지로 구성되어 있으며 색상에 관한 수식어, 유채색의 명도 및 채도에 관한 수식어, 무채색의 명도에 관한 수식어이다.

색상에 관한 수식어를 활용하여 일반 색이름을 구성하는 방법은 3가지 유형으로 나눌수 있으며 다음과 같다. 첫째, 기본 색이름의 형용사로 '빨간, 노란, 파란, 흰, 검은'이 있다. 둘째, 기본 색이름의 한자 단음절로 '적, 황, 녹, 청, 남, 자, 갈, 백, 회, 흑'이 있다. 마지막으로 수식형이 없는 2음절 색이름에 '빛'을 붙인 수식형으로 '초록빛, 보랏빛, 분홍빛, 자줏빛'이 있다.

색상에 관한 수식어

색이름 수식형	대응 영어	약호
빨간(적)	Reddish	r
노란(황)	Yellowish	y
초록빛(녹)	Greenish	g
파란(청)	Bluish	b
보랏빛	Purplish	p
자줏빛(자)	Red-purplish	rp
분홍빛	Pinkish	pk
갈	Brownish	br
흰	Whitish	wh
회	Grayish	gy
검은(흑)	Blackish	bk

유채색에 사용하는 수식형용사는 아래와 같이 '선명한, 흐린, 탁한, 밝은, 어두운, 진(한), 연(한)'이 있으며 경우에 따라 2개의 수식형용사를 결합하거나 부사 "아주"를 수식형용사 앞에 붙여 사용할 수 있다. 예를 들어 연하고 흐린, 밝고 연한, 아주 밝은 등이 이에 해당된다. 또한 ( ) 속의 "한"은 생략하여 사용할 수도 있으며 '진빨강, 진노랑, 진분홍, 연보라' 등을 예로 들 수 있다.

유채색의 명도 및 채도에 관한 수식어

수식형용사	대응 영어	약호
선명한	vivid	vv
흐린	soft	sf
탁한	dull	dl
밝은	light	lt
어두운	dark	dk
진(한)	deep	dp
연(한)	pale	pl

무채색에 사용하는 수식형용사는 아래와 같이 '밝은', '어두운'이 있으며 경우에 따라 "아주"를 수식형용사 앞에 붙여 사용할 수 있다.

무채색의 명도 및 채도에 관한 수식어

수식형용사	대응 영어	약호
밝은	light	lt
어두운	dark	dk

관용 색이름(individual color names)

옛날부터 전해 내려오는 관습적으로 사용되는 색명을 말하며 동물, 식물, 광물, 자연현상, 지명, 인명 등의 이름에서 유래된 것이 있다.

- 기본색과 관련된 색이름: 적(赤), 황(黃), 연두(軟豆), 녹(綠), 청(靑), 남(藍), 자(紫), 흑(黑), 백(白)
- 식물의 이름 또는 열매에서 유래한 이름: 오렌지색, 살구색, 팥색, 라벤더색 등
- 동물의 이름 또는 가죽에서 유래한 이름: 살몬 핑크색, 쥐색, 살색, 낙타색 등
- 광물이나 원료에서 유래한 이름: 에메랄드 그린(Emerald Green), 코발트 블루(Cobalt blue), 징크 화이트(Zinc white), 금색, 은색 등
- 지명이나 인명에서 유래한 이름: 프러시안 블루, 보르도, 마젠타, 하바나 브라운, 반 다이크 브라운 등

4 KS 색조

KS 색조는 KS 기본 색명을 기준으로 색상, 명도, 채도 3속성에 의한 색채표현을 색상과 색조로 체계화시켜 색채 분포를 알기 쉽게 구성한 것으로 10가지 색상과 13개의 색조로 이루어져 있다.

프라이머리 톤(Primary tone)

기본적인 색상으로서 수식어가 없어 약호는 별도로 사용하지 않는다. 빨간, 노란, 주황

등의 유채색 또는 흰색, 검은색 등이 섞이지 않은 순색의 색상 계열이다. 비비드 톤과 비슷하지만 선명도가 강하고 스포티하고 캐주얼한 이미지로 활용되는 색조이다.

비비드 톤(vivid tone)

약호 vv로 표시하며 채도가 높고 중명도의 색상계열이다. 가독성과 주목성이 높으며 선명하고 강렬하여 역동적이고 액티브한 느낌을 전달하기에 좋은 색조이다.

라이트 톤(light tone)

약호 lt로 표시하며 채도와 명도가 높은 색상 계열이다. 맑은, 상쾌한, 명랑한 이미지를 표현하기에 좋은 색조이다.

페일 톤(pale tone)

약호 pl로 표시하며 중채도의 명도가 높은 색상 계열이다. 가장 부드럽고 가벼운 파스텔 톤으로 로맨틱, 귀여운, 소녀적인, 깨끗한 느낌을 표현하기 좋은 색조이다.

소프트 톤(soft tone)

약호 sf로 표시하며 중채도, 중명도의 색상 계열이다. 부드럽고 온화하며 은은한 이미지를 전달하기에 좋은 색조이다.

덜 톤(dull tone)

약호 dl로 표시하며 채도는 페일 톤과 소프트 톤과 같은 중채도이지만 명도는 소프트 톤보다 낮은 색상 계열이다. 차분하고 수수하며 고상한 이미지를 전달하기에 좋은 색조이다.

딥 톤(deep tone)

약호 dp로 표시하며 채도는 라이트 톤, 프라이머리 톤과 같은 고채도이지만, 명도는 저명도의 색상계열이다. 중후하고 클래식하며 전통적인 이미지를 전달하기에 좋은 색조이다.

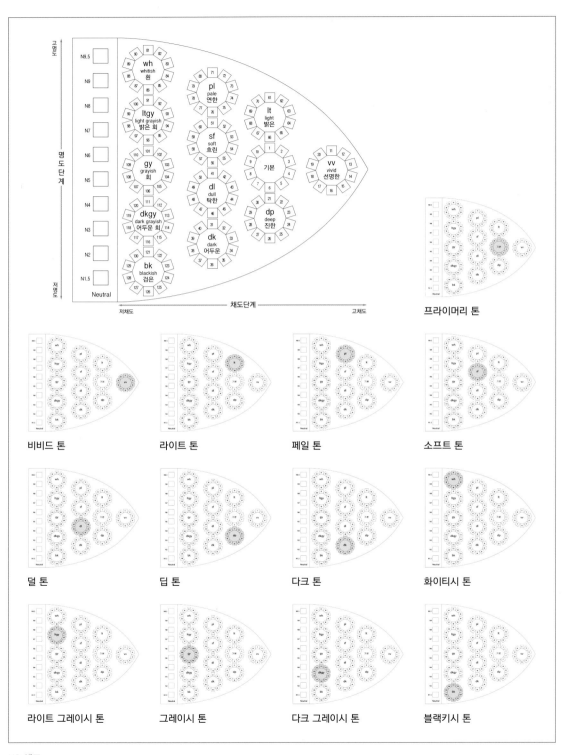

프라이머리 톤

비비드 톤

라이트 톤

페일 톤

소프트 톤

덜 톤

딥 톤

다크 톤

화이티시 톤

라이트 그레이시 톤

그레이시 톤

다크 그레이시 톤

블랙키시 톤

KS 색조

다크 톤(dark tone)

약호 dk로 표시하며 채도는 페일, 소프트, 덜 톤과 같은 중채도에, 명도는 딥 톤보다 어두운 저명도의 색상계열이다. 강하고 남성적이며 클래식한 이미지를 전달하기에 좋은 색조이다.

화이티시 톤(whitish tone)

약호 wh로 표시하며 13개톤 중 가장 저채도, 고명도의 색상 계열이다. 흰색이 주를 이루는 가장 밝은 색조이기 때문에 깨끗한, 순수한, 가벼운, 맑은 부드러운 이미지를 전달하기에 좋은 색조이다.

라이트 그레이시 톤(light grayish tone)

약호 ltgy로 표시하며 화이티시 톤과 같은 저채도에 명도는 조금 낮은 색상 계열이다. 고명도의 색상 계열이며 수수한, 모던한, 세련된 이미지를 전달하기에 좋은 색조이다.

그레이시 톤(grayish tone)

약호 gy로 표시하며 화이티시 톤, 라이트 그레이시 톤과 같은 저채도에 중명도 색상 계열이다. 차분한, 세련된, 지적인, 도시적인, 모던한 이미지를 전달하기에 좋은 색조이다.

다크 그레이시 톤(dark grayish tone)

약호 dkgy로 표시하며 화이티시 톤, 라이트 그레이시 톤과 같은 저채도에 저명도 색상 계열이다. 채도가 낮고 명도도 낮아 색기미를 느끼기 어려워 무게감이 느껴진다. 남성적인, 클래식한, 도회적인 이미지를 전달하기에 좋은 색조이다.

블랙키시 톤(blackish tone)

약호 bk로 표시하며 저채도의 명도가 가장 낮은 색상 계열이다. 검은색에 거의 가깝지만 약간의 색기미를 가지고 있어 중후하고 남성적이며 근엄한 이미지를 전달하기에 좋은 색조이다.

PRACTICE 01

색상환을 색지로 붙여보시오.

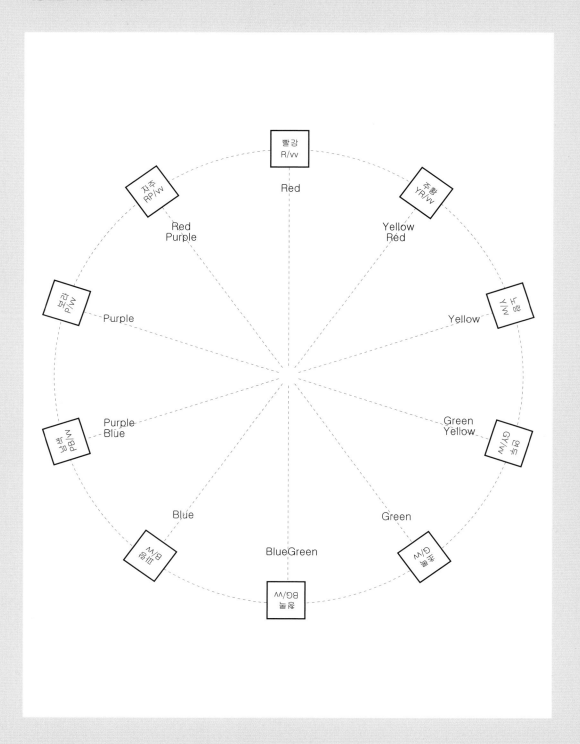

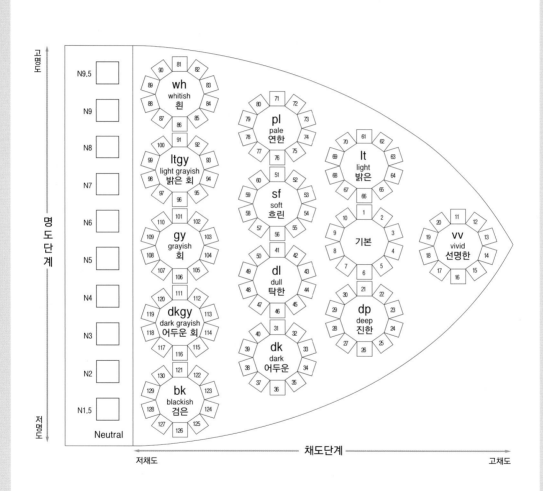

02

DESIGN ICON

디자인 아이콘

디자인 아이콘
DESIGN ICON

고대

1 구석기 시대

구석기 시대는 Old Stone Age라고도 하며 전기 구석기 시대는 약 220만 년 전에서 250만 년 전을 기준으로 하며 후기 구석기 시대는 약 4만 년 전에 시작되었다. 구석기 시대에는 불을 이용하였으며 먹을 것을 찾아 이동하는 이동 생활을 했다. 채집과 사냥을 통해 식량을 구하였고 동굴의 벽이나 큰 바위 그림을 통해 주술의 의미를 표현하였다. 알타미라 동굴, 비너스 상에는 종교와 주술, 번식과 풍요, 기도하는 의도를 담고 있다.

'빌렌도르프의 비너스'는 1909년 오스트리아의 빌렌도르프에서 출토된 구석기 시대의 여인 조각상으로 배, 가슴, 엉덩이의 과장된 표현을 통해 다산과 풍요를 상징한다. 제작연도는 B.C. 25000년에서 B.C. 20000년경으로 높이는 11.1cm이며 빈 자연사 박물관에 소장되어 있다.

'라스코 동굴벽화'는 호모 사피엔스가 들소, 사슴 등을 신비롭게 그려놓은 구석기인의 동굴벽화로 남 프랑스에서 발견되었으며 수메르인들에 의해 발명된 문자로 인해 문화, 사회, 경제 방면에서 혁신을 가져왔다. 벽화의 문자는 점토에 갈대로 만든 세필로

빌렌도르프의 비너스 　　　　라스코 동굴벽화

구석기 시대 대표 컬러팔레트

기록되었다. 초보적 십진법이 사용되고 천연광물질에서 얻은 적갈색, 백색, 황토색, 검정색 등의 채색으로 들소, 말, 사슴을 묘사하고 있다. 적갈색과 노랑, 흰색은 흙이나 적철광을 활용했고 검정은 목탄(카본안료)을 활용하여 표현하였다. 또한 이 벽화에서는 피와 같은 유기안료를 사용한 흔적을 찾아볼 수 있다.

구석기 시대의 색채는 주술적 목적이나 종교적 디자인의 경향을 나타낸다.

2 이집트

이집트는 B.C. 3200년경 신석기와 철기문명을 바탕으로 강력한 왕권통치하에 세워진 고대국가이며 나일강 하류에서 이집트 문명이 번성하였다.

이집트 미술은 아름다움보다는 완전함을 추구하였으며 권력층의 이익에 봉사하는 강력한 선전도구로써 기존 사회체제를 유지하는 데 기여하였다. 이집트 피라미드는 유일신인 태양신 숭배를 상징하며 미이라를 통해 현세와 내세의 삶이 이어진다고 믿었다. 또한 이집트인의 내세에 대한 신앙심의 표현은 태양, 뱀, 황금색 독수리, 소뿔, 로터스, 파피루스, 타조깃털, 신선풍뎅이, 눈, 도리깨, 지팡이 등의 모티프로 이집트 시대의

향연

네페르티티

이집트 대표 컬러팔레트

장식품에 많이 사용되어졌다. 파피루스는 대부분 죽음과 신앙의 내용을 담고 있으며 파피루스의 사용은 커뮤니케이션에 중요한 역할을 하였다.

'향연'은 고대 이집트 신 왕국 시대에 제18왕조 B.C. 1400년경에 제작된 것으로 추정되며 회칠벽에 채색한 것으로 30×69cm의 크기로 이집트 테베에서 출토되어 런던 대영박물관에 소장되어 있다.

'네페르티티'는 파라오 아크나톤의 왕비로 긴 목에 뚜렷한 이목구비, 갈색 피부의 흉상 속 주인공으로 클레오파트라와 더불어 이집트의 미인으로 꼽힌다.

이집트 시대의 색채 경향은 넓은 사막 지형과 강렬한 태양, 나일강 유역의 비옥한 토양이 주는 풍부한 색채들이 특징이다.

3 그리스 – 로마

그리스 시대는 B.C. 3000년경에서 B.C. 400년경을 말하며 주변 지역과의 교류로 복합적 문화를 형성하여 로마 문명의 기초로 인체미를 존중하며 이상적인 비례와 조화의 미를 추구하고 균형을 중시하였다. '파르테논 신전'은 황금비 1:1.618로 적용된 예이며

원반 던지는 사람

아우구스투스

파르테논 신전

프레스코 벽화

그리스 – 로마 시대 대표 컬러팔레트

조각에는 '밀로의 비너스', '원반 던지는 사람'이 있다. 그리스의 조각은 수학적 비례에 의한 인체의 완벽한 이상미를 추구하며 현세적, 통속적이며 격렬한 표현의 조각상을 보여준다.

로마 시대는 B.C. 8세기에서 3세기로 로마 문명은 그리스 문화를 토대로 헬레니즘, 에투루리아, 이집트 등 선행 문화의 흡수를 통해 심도 있는 문화로 재현되었다. 로마의 미술은 그리스 미술의 영향을 받았으나 현실적이고 실용적인 생활을 중시하였고 헬레니즘 문화를 계승하고 발전시켰다. 건축은 오늘날 서양 건축의 기반인 아치(Arch), 볼트(Vault), 돔(Dome) 등을 콘크리트로 만들어 사용하였다. 오늘날의 영문자인 알파벳 역시 그리스와 로마에 의해 완성되었고 폼페이 벽화는 프레스코(Fresco painting) 및 모자이크 벽화의 대표적 벽화이다.

'프레스코 벽화'는 회반죽벽에 그려지는 벽화로 인류의 회화에서 가장 오래된 기법이라 할 수 있다.

'아우구스투스'는 고대 로마의 초대 황제이며 B.C. 20~A.D. 14세기 동안 재위하였다.

중세

1 르네상스

르네상스는 15세기 이탈리아를 중심으로 일어난 문예부흥 운동으로 naissance는 '출생', '탄생'을 뜻하며 'Re-'가 붙으면서 다시 태어난다는 부활의 의미를 가지고 있다. 르네상스 시대에는 인간성의 회복과 자연주의적 세계관의 부활이 중시되었으며 원근법과 빛의 발견으로 사실적, 입체적인 회화가 부각된 시기였다. 또한 신이 아닌 인간의 예술을 합리적, 과학적 사고로 접근하였고 해부학의 발전을 거듭한 시기로 대표적 화가에는 레오나르도 다 빈치, 미켈란젤로, 라파엘로 등의 화가가 있다.

　'비너스의 탄생'은 보티첼리의 작품이다. 비잔틴 시대의 미술로 되돌아간 듯 신화의 부활과 같은 주제를 다루고 있다.

　'천지창조'는 미켈란젤로가 로마의 시스티나성당 천장에 그린 세계 최대의 프레스코 벽화이다. 현재 로마 바티칸 궁전에 소장되어 있으며 1508년 교황 율리우스 2세 때 미켈란젤로는 4년 동안 작품을 완성하였다.

비너스의 탄생

천지창조

모나리자

르네상스 시대 대표 컬러팔레트

'모나리자'는 레오나르도 다 빈치가 피렌체의 부호 프란체스코 델 조콘다를 위해 그 부인을 그린 초상화이며 유채 패널화이다.

르네상스 시대의 색채 경향은 노랑기미의 빨강, 중간톤인 갈색, 보라, 청록, 금색 등이 사용되었다.

2 바로크

바로크 시대는 17세기에서 18세기로 비뚤어진 모양의 기묘한 진주(스페인어로 일그러진 진주 Barrueco를 뜻함)라는 뜻을 가지고 있다. 바로크 양식은 르네상스와 달리 감정적이고 역동적인 스타일의 화려한 의상 등을 선보이고 있으며 혼합적, 불규칙적이고 다채로운 색상의 화려한 양식이다. 바로크 미술은 16세기경 종교적 대립 후 이탈리아를 비롯한 유럽의 여러 카톨릭 국가에서 발전한 미술 양식을 보이며 역동적, 남성적인 미술로 건축은 베르사이유 궁전의 화려하고 과장된 표면 장식이 대표적이다.

'사비니 여인들의 납치'는 프랑스의 니콜라 푸생이 17세기경에 제작한 유화이며 현재 루브르 박물관에 소장되어 있다. 이 그림은 로마를 세운 로물루스가 아름다운 사비니

사비니 여인들의 납치

야경

시녀들

바로크 시대 대표 컬러팔레트

의 여인들을 그의 군인들과 결혼시키기 위해 납치하는 주제로 그려졌다.

'야경'은 렘브란트의 작품으로 스페인으로부터 독립하기 위해 끊임없이 투쟁하는 네덜란드 시민 민병대의 모습을 그린 것이다.

'시녀들'은 벨라스케스의 작품으로 마르가리타 공주를 중심으로 왕과 왕비의 모습을 순간적으로 포착하여 그린 그림이며 사실주의적으로 날카롭게 그려냈다.

바로크 시대의 색채 경향은 선명하고 강한 톤의 사용과 밝은 톤인 금색, 갈색, 노랑, 크림색, 베이지, 파랑, 회색 등으로 정렬적인 색채 경향을 보인다.

3 로코코

로코코 시대는 17세기에서 18세기로 로코코라는 말은 '로카이유'라는 조개무늬장식에서 유래되었다. 인간중심의 르네상스 문화가 계몽주의의 영향에 의해 이성주의로 전환된 호화로운 귀족 예술이다. 바로크 양식의 생동감이 있고 장중한 위압감과는 달리 로코코 양식은 세련미와 화려한 유희적 정조로 표현되었다. 여성적이고 감각적인 장식예술로, 회화, 건축, 조각 양식이 가볍고 정교하며 우아한 곡선과 자연 형상 등이 특징이

그네   퐁파두르 부인의 초상

로코코 시대 대표 컬러팔레트

다. 이러한 배경으로 여성 중심의 예술이 발달하여 섬세하고 우아한 곡선미의 로코코 예술이 탄생되었다.

'그네'는 장 오노레 프라고나르의 작품으로 18세기경에 제작된 유화이다. 이를 통해 당시의 귀족들이 얼마나 감각적인 사랑의 풍류를 즐겼는지를 보여주고 있다.

'퐁파두르 부인의 초상'은 부셰의 작품이다. 퐁파두르 부인은 당시 로코코 미술 최고의 건축과 회화들을 주문한 강력한 후원자였다. 여성적 아름다움, 지성, 권세를 갖춘 여인의 매력을 화려하고 섬세하게 표현하였다.

로코코 시대의 색채 경향은 섬세한 장식, 사치스러운 성격을 지닌 귀족 예술을 바탕으로 장밋빛 베이지, 담록색 등이 성행하였다.

근대

1 미술공예운동

19세기 말 영국에서 W. 모리스를 중심으로 일어난 미술공예운동으로 가구 집기, 옷감 디자인, 제본 인쇄 등의 응용미술 여러 분야에서 나타났다. 수공업이 지닌 아름다움의 회복을 위한 공예개혁운동이며 건축가와 공예가들의 큰 호응을 받았다.

'마리아나'는 1868년에서 1870년에 제작된 로제티의 유화로 현재 에버딘 미술관에 소장되어 있다. 그림의 장면은 셰익스피어의 희곡 '이척보척(以尺報尺)'에서 따온 것이며 사랑의 맹세를 저버린 이에 대한 원망을 담아내고 있다.

'페르세포네'는 1874년에 제작된 로제티의 작품으로 캔버스에 그려진 유채이며 런던의 데이트 브리튼에 소장되어 있다. 이 그림은 장식적 곡선미를 나타내고 있으며 관능의 매력을 전달해 준다.

'백일몽'은 1880년에 제작된 로제티의 작품으로 캔버스에 그려진 유채이며 런던의 빅토리아와 앨버트 미술관에 소장되어 있다. 이 그림은 자연의 창조성이 가장 잘 드러나는 계절인 봄에 대한 표현이며 여인의 그림을 통해 사랑의 유대를 나타냈다.

미술공예운동의 색채 경향은 올리브그린, 크림색, 어두운 파랑, 황토색, 검정색의 톤이 어둡거나 칙칙한 색, 또는 인디고 블루, 노랑, 보라를 이용한 명도대비와 색상대비가 특징이다.

마리아나

페르세포네

백일몽

미술공예운동 대표 컬러팔레트

2 사실주의

1840년경부터 1870년경까지 프랑스 회화에 등장하였으며 '리얼리즘'이라고도 한다. 객관적 사물을 있는 그대로 정확하게 재현하려는 양식으로 추상예술·고전주의·낭만주의에 대립하는 개념이다. 사실주의는 기존의 신고전주의나 낭만주의의 주관적 미화 표현으로 이상적 영웅의 모습이 아닌 도시 노동자와 농민, 당대를 살아간 인물들, 자연과 사물을 눈에 보이는 그대로 화폭에 표현하였다. 일반적으로 19세기 중반 프랑스에 나타난 유파를 일컫는 것으로 G. 쿠르베, H. 도미에, F. 밀레 등의 화가들이 지향한 태도와 기법을 의미한다.

'이삭줍기'는 장-프랑수아 밀레의 1857년 작품으로 캔버스에 그려진 유채이며 오르세 미술관에 소장되어 있다. 이 그림은 일상의 고된 노동에도 불구하고 초월적, 윤리적 가치를 일깨우는 느낌을 준다.

'삼등열차'는 오노레 도미에의 1860~1863년 작품으로 캔버스에 그린 유채이며 뉴욕의 메트로폴리탄 미술관에 소장되어 있다. 이 그림은 삼등열차에서 고단한 삶에 지쳐 서로에게 무관심한 노동자 계층의 모습을 표현하였다.

이삭줍기   삼등열차

사실주의 대표 컬러팔레트

사실주의의 색채 경향은 대상의 진실을 그대로 표현하기 위한 어둡고 무거운 톤의 색채가 주를 이루면서 갈색, 황토색, 베이지, 검정색 등이 대표적 색상이다.

3 인상파

19세기 후반에 프랑스를 중심으로 일어난 인상주의 미술을 추진한 유파를 말하며 실증주의와 사실주의의 영향으로 대상을 눈에 보이는 그대로 재현하려 하였다. 이에 옥외에서 태양 아래 변화되는 자연이 변화하는 순간적 양상을 미묘하게 묘사하여 시도하였다. 표현상의 새로운 기법과 주관적 감각의 반영을 중시하여 자연을 하나의 현상으로 보고, 빛과 대기의 변화에 따라 색채가 일으키는 변화를 중심으로 사물의 인상을 중시하여 그림을 그렸다.

　'풀밭 위의 점심'은 에두아르 마네의 1863년 유화 작품으로 오르세 미술관에 소장되어 있다. 이 그림에는 남녀 두 쌍이 강이 흐르는 한적한 숲 속에서 목욕과 피크닉을 즐기는 장면이 묘사되어 있다.

　'올랭피아'는 에두아르 마네의 1863년 유화 작품으로 오르세 미술관에 소장되어 있다. 이 그림은 여성의 누드화로 목걸이, 샌들, 머리의 난초장식 등이 누드 신체를 강조하는 역할을 하고 있고 반쯤 벗겨진 신발, 도발적 시선이 에로틱한 신체를 강조한다.

　'인상─일출'은 '인상─해돋이'라 하며 클로드 오스카 모네(클로드 모네)의 1872년 유화

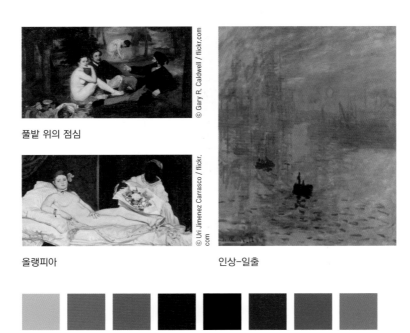

풀밭 위의 점심

© Gary R. Caldwell / flickr.com

올랭피아

© Uri Jimenez Carrasco / flickr.com

인상-일출

인상파 대표 컬러팔레트

작품으로 마르모탕 미술관에 소장되어 있다. 이 그림은 어둠 속에서 해가 막 떠오르는 풍경을 담은 그림으로 검은색을 사용하지 않고도 충분히 어둠을 표현할 수 있다는 것을 보여준 혁신적 실험의 작품이다.

　인상파의 색채 경향은 병치혼색의 회화적 표현인 점묘화법의 발달을 보여주고 있으며 대표적 화가로는 시냐과 쇠라, 모네, 고흐 등이 있다.

4 야수파

20세기 초 프랑스에서 일어난 미술운동이다. 인상파 이후의 새로운 시각과 기법을 추진하기 위해 순색(純色)을 구사하고 빨강·노랑·초록·파랑 등의 원색을 굵은 필촉을 사용하여 병렬적으로 화면에 펼쳐 표현하면서 대담한 개성의 해방을 시도하였다. 새로운 색의 결합에 대한 기본적인 의도 때문에 이를테면 공기·수목 등에 붉은색을 사용하는 등 전통적인 사실주의의 색채체계를 완전히 파괴했으며 명암·양감 등도 파기하였다.

　'춤 II'는 앙리 마티스의 유화 작품으로 상트 페테르브르크 미술관에 소장되어 있다. 강렬한 색채와 표현적 사용, 조화로운 형태, 밝고 화사한 선과 면으로 구성된 장식성을

춤 II · 붉은색의 조화

야수파 대표 컬러팔레트

바탕으로 인간의 본능적이고 순수한 행위의 아름다움을 강렬한 원색으로 대담하게 표현하였다.

'붉은색의 조화'도 앙리 마티스의 유화 작품이다. 정물과 여인, 식탁과 창밖 풍경 등 사뭇 장식적이면서도 자신만의 개성적 표현기법을 나타내었다. 입체적인 사물을 담고 있으면서도 벽, 탁자, 실내의 바닥은 전혀 구분됨 없이 평면으로 처리했다.

야수파의 색채 경향은 강렬하고 단순한 색채를 보인다. 색채가 표현의 도구뿐 아니라 주제의 이미지로 사용될 수 있다는 것을 보여준다.

5 비대칭 추상미술

비구상미술(非具象美術), 비대상미술(非對象美術)이라고 불리며 제1차 세계대전 후에 발생한 미술 사조의 하나이다. 합리적인 미의 표현이며 선, 면, 색채 등을 이용한 기하학적인 양식을 보인다. 사람, 꽃, 동물 등 일반인들이 알 수 있는 자연물의 대상이 아닌 추상의 대상을 다루기 때문에 이해하기 어렵다는 평을 듣는다. 추상미술은 결국 색채, 질감, 선, 창조된 형태 등의 추상적 요소로만 표현되는 작품을 말한다.

'흰색 위에 II'는 바실리 칸딘스키의 1923년 유화 작품으로 조르주 퐁피두센터에 소장되어 있다. 이 그림은 바우하우스 교수 시절에 완성한 기하학적 추상 회화로 차가운 추상이며 정리된 바탕 위에 자신의 조형 이론을 시도한 초기 작품이다.

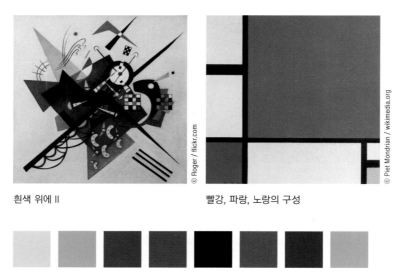

흰색 위에 II · © Roger / flickr.com

빨강, 파랑, 노랑의 구성 · © Piet Mondrian / wikimedia.org

비대칭 추상미술 대표 컬러팔레트

'빨강, 파랑, 노랑의 구성'은 피에트 몬드리안의 1930년 유화 작품으로 뉴욕에서 한 개인이 소장하고 있다. 이 그림은 빨강, 파랑, 노랑의 색면과 검정색 선만으로 이루어진 회화작품으로 종이 위 어떤 형상의 나타냄이 아닌 사각형의 두께를 달리하고 검은 선으로 구획을 지어 놓은 그림이다.

비대칭 추상미술의 색채 경향은 색채의 단순함이 강하게 나타났으며 흑백의 대비를 주로 사용하였다.

6 큐비즘(입체파)

1907~1908년경 피카소와 브라크에 의하여 창시된 20세기 가장 중요한 예술운동의 하나이다. 유럽회화를 르네상스 이래의 사실주의적 전통에서 해방시킨 회화혁명으로 지칭되고 있다. 20세기 초 회화를 비롯해 건축, 조각, 공예 등이 국제적으로 전파된 미술운동이며 인상파에서 시작되어 야수파 운동과 전후해서 일어난 운동이다.

'아비뇽의 처녀들'은 파블로 피카소의 1907년 유화 작품으로 뉴욕 현대 미술관에 소장되어 있다. 이 그림에는 다섯 명의 여성 누드가 등장하며 바르셀로나 아비뇽 인근 사창가 여성을 그린 것으로 전해진다. 여성들의 인체, 천, 커튼 배경이 원근법에 구애받지 않고 하나의 면 위에서 뒤섞여 처리되면서 둘 이상의 시점이 표현되어 있다.

아비뇽의 처녀들　　　　　목욕하는 사람들

큐비즘 대표 컬러팔레트

　'목욕하는 사람들'은 폴 세잔의 1890년경 유화 작품으로 프랑스 국립박물관에 소장되어 있다. 이 그림은 인체 형상들의 대담한 왜곡과 푸른빛 색조로 자연과 인간이 하나가 되는 이상을 표현하였다.

　큐비즘(입체파)의 색채 경향은 난색의 따뜻하고 강렬한 색이 주로 사용되었다.

7 바우하우스

바우하우스는 1919년 건축가 그로피우스(Walter Gropius)에 의해 독일 바이마르에 설립된 조형학교이다. 예술 및 건축 교육의 설립 목적을 가진 '바우하우스 건축물'은 단순함과 실용성이 공존하고 점, 선, 면의 기본적인 조형적 요소만을 가지고 모든 것이 표현되었으며 기능과 관계없는 장식이 배제되었다.

　바우하우스의 색채 경향은 각도에 따른 색채 배열과 단순한 색채의 사용이다.

바우하우스 건축

바우하우스 대표 컬러팔레트

8 데스틸

네덜란드에서 생겨난 신조형주의 운동이며 색면 구성을 강조하여 구성에 있어서의 질
서와 배분을 중요하게 다루고 있다.

　데스틸 디자인의 색채 경향은 검정, 회색, 하양과 작은 면적의 빨강, 노랑, 파랑의 순
수한 원색으로 제한되어 있으며 몬드리안의 작품이 대표적이다.

9 아르누보

아르누보(Are Nouveau)는 불어로 새로운 예술이란 뜻이다. 율동적 섬세함과 유기적
곡선의 장식패턴으로 새로운 조형의 세계를 강조하였다. 아르누보는 산업혁명 이후 미
술과 공예운동을 배경으로 나타났으며 아르누보의 흘러내리는 듯한 곡선 감각에는 리
듬감과 섬세한 여성스러운 아름다움을 찾아볼 수 있다.

　윌리엄 모리스가 제작한 '태피스트리'는 1879년에 제작되었다. 태피스트리는 여러 가

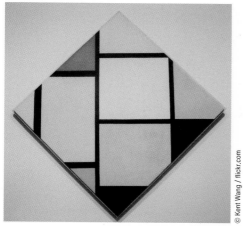

넓은 빨강 면과 회색, 파랑, 노랑 그리고 검정

데스틸 대표 컬러팔레트

지 색상의 위사를 사용하여 핸드 메이드(Hand made)한 작품이다. 작품에서 표현된 회화적 무늬의 미술적 가치가 높은 직물이다.

'황도12궁'은 알폰스 마리아 무하의 1896년 작품으로 컬러 석판화이며 달력 장식 패널이다. 화려한 머리 장식과 배경에 삽입된 황도 12궁의 별자리가 특징이다.

'아침, 점심, 저녁, 밤'은 알폰스 마리아 무하의 1899년 작품으로 하루의 시간을 쪼개어 나타낸 시리즈 작품이다. 이와 유사한 작품에는 알폰스 마리아 무하의 '사계시리즈'가 있다.

아르누보의 색채 경향은 인상주의의 영향을 받아 환하고 연한 파스텔 색조의 부드럽고 연한 톤을 주조로 하고 있다. 금색, 진홍색, 보라, 남색 등의 강조색이 사용되어 섬세한 분위기를 연출한다.

태피스트리 　　　　　　　 황도12궁

© William Morris / wikimedia.org

아침, 점심, 저녁, 밤

아르누보 대표 컬러팔레트

10 아르데코

아르데코는 1925년 파리에서 개최된 현대장식미술을 중심으로 전 세계에 알려졌다. 흐르는 듯한 곡선을 표현한 아르누보와 대조적으로 기본 형태의 반복이나 직선적, 원의 반복, 지그재그 등의 추상적이고 기하학적인 패턴에 대한 선호가 뚜렷하게 나타나 있다. 즉 대부분 직선적이고 장식이 없는 간결한 디자인인 아르데코 디자인은 완벽한 대칭을 이루고 있는 실내장식과 가구디자인으로 이어진다.

'장갑을 낀 여인'은 타마라 드 렘피카의 작품으로 작품에 자주 등장하는 녹색은 자유를 그리는 작가의 상징색이기도 하다.

앵발리드

웨스터만 빌딩

장갑을 낀 여인

© Claudio / Shutterstock.com

아르데코 대표 컬러팔레트

'웨스터만 빌딩'은 1931년 지진으로 피해를 입어 마을이 거의 파괴된 후에 지은 아르데코 건축물이며 지금까지 보존되어 있다.

'앵발리드'는 프랑스 파리에 위치하고 있는 군대 병원이자 무덤이다. 본 명칭은 오피탈 데 쟁발리드였으나 이후 짧게 앵발리드라 부르게 되었으며 엄청난 규모의 주택이다.

아르데코의 색채 경향은 다양한 특성을 나타내지만 대표적인 배색에는 검정, 회색, 녹색의 조합과 갈색, 크림색, 주황의 조합이 있다.

11 구성주의

러시아 혁명을 전후하여 모스크바를 중심으로 일어나, 서유럽으로 발전해 나간 전위적(前衛的)인 추상예술 운동이다. 일체의 재현과 묘사적 요소를 거부하고, 순수 형태의 구성을 주로 표현한다. 금속이나 유리, 그 밖의 근대 공업적 신재료를 과감히 받아들여 자유롭게 사용한다. 자기표출로서의 예술이기보다 공간구성 또는 환경형성을 지향하고 있다. 기능성이 중시되고 기계주의적 또는 역학적인 표현이 강조되었다. 새로운 공업시대에 적응하는 조형의 방법을 찾으려는 자세가 뚜렷하게 나타나고 있다.

'검은 사각형'은 카지미르 말레비치의 1915년 작품으로 캔버스에 그린 유화 작품이다. 국립 러시아 박물관에 소장되어 있으며 1915년에 열린 전시에서 이 그림을 선보이고 절대주의 체계를 선언한 바 있다.

'시골 소녀의 머리'는 카지미르 말레비치의 작품으로 캔버스에 그린 유화 작품이며 암

검은 사각형　　　　　　　　시골 소녀의 머리　　　　　　　에드윈 캠벨을 위한 패널 No. 2

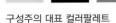

구성주의 대표 컬러팔레트

스테르담 시립 미술관에 소장되어 있다. 카지미르 말레비치는 러시아 아방가르드의 대가로 기하학적 추상을 추구하였다.

'에드윈 캠벨을 위한 패널 No.2'는 바실리 칸딘스키의 1914년 유화 작품으로 뉴욕 현대미술관에 소장되어 있다.

구성주의의 색채 경향은 색채와 색채에 의해 이루어진 면을 강조하고 기하학적 패턴과 조화되는 단순한 세련미를 지향한다.

12 아방가르드

아방가르드는 기성의 예술 관념이나 형식을 부정하고 혁신적 예술을 주장한 예술 운동 또는 그 유파를 말한다. 아방가르드를 번역한 용어는 전위라는 용어이며 이는 20세기 초 프랑스와 독일, 스위스, 이탈리아, 미국 등에서 일어난 예술운동이다. 기존의 예술에 대한 인식과 가치를 부정하고 새로운 예술의 개념을 추구하였다.

아방가르드는 본래 군사용어이다. 아방가르드라는 용어가 예술에 전용(轉用)되어 앞으로 전개될 새로운 예술을 탐색하고 이제까지의 예술개념을 일변시킬 수 있는 혁명적인 예술경향 또는 그 운동을 말한다.

'바다 가까이에'는 키아의 작품으로 포세이돈이 자기가 사랑하는 여인에게 고백할 방법을 찾지 못해 돌고래에게 부탁하여 대신 고백하는 내용을 담고 있다.

'셀레베즈의 코끼리'는 독일의 화가 막스 에른스트의 1921년 작품으로 기하학적인 형태의 용광로 같은 물체와 이를 둘러싸고 있는 여러 가지 기물들의 배치를 담고 있다.

아방가르드 작품들

아방가르드 대표 컬러팔레트

이질적인 것들의 엉뚱한 만남을 통한 경이야말로 참다운 예술이라는 쉬르리얼리즘의 사상을 반영한 것이라 할 수 있다.

'최초의 언어'는 막스 에른스트의 1923년 작품이다. 그림의 왼쪽 판자에 붙어 있는 도마뱀, 가운데 뚫려진 창을 통해 나와 있는 여인의 손이 끈과 구슬에 의해 미묘하게 연결되어 있다. 이러한 표현은 무언가 예기치 않은 사태를 빚어낼 것 같은 기묘한 장면의 효과를 준다.

13 미래주의

미래주의는 속도와 역동성, 테크놀로지, 기계주의 등에 확고한 믿음을 두고 회화, 조각, 건축, 패션, 인테리어 디자인, 영상, 음악, 그래픽 디자인 등 다양한 분야에 걸쳐 미래주의적 실험을 남겼다. 기계가 지닌 차가운 역동적인 아름다움을 조형 예술의 주제로까지 높였다. 또한 기존의 낡은 예술의 부정과 기계세대에 어울리는 새로운 다이내믹한 미를 창조하는 운동을 말한다.

'갤러리에서의 폭동'은 보치오니의 1910년 작품으로 캔버스에 유채로 그린 유화이며

갤러리에서의 폭동   도시가 일어나다

미래주의 대표 컬러팔레트

밀라노 브레라 미술관에 소장되어 있다.

'도시가 일어나다'는 움베르토 보치오니의 작품으로 1910년에 제작된 유화로 뉴욕 현대 미술관에 소장되어 있다.

미래주의의 색채 경향은 금속, 알루미늄, 우레탄, 형광섬유, 비늘 등의 하이테크한 소재, 금속성 광택의 인공적 소재 색채가 표현되었다.

현대

1 다다이즘

다다이즘은 스위스, 독일, 프랑스 등 유럽과 미국에서 일어났던 반문명·반합리적 예술 운동으로 기성의 권위와 조형이론을 무시하였으며 초현실주의에 영향을 미쳤다. 다다(dada)라고도 하며 제1차 세계대전 중 스위스 취리히에서 일어나 1920년대 유럽에서 성행하였다. 다다이즘의 다다는 본래 프랑스어로 '어린이들이 타고 노는 목마'를 가리키는 말이나 이것은 다다이즘의 본질에 뿌리를 둔 '무의미함의 의미'를 상징하는 것이라 할 수 있다.

계단을 내려오는 누드   셔츠 프론트와 포크

다다이즘 대표 컬러팔레트

'계단을 내려오는 누드'는 마르셀 뒤샹의 초기 작품 중 파격적인 작품으로 1912년에 제작되었다. 이 작품은 신체의 움직임 관찰을 위한 연속 사진 촬영으로 당대의 신기술을 회화에 적용하여 표현하였다.

'셔츠 프론트와 포크'라는 작품은 1922년 제작된 장 아르프의 작품으로 셔츠와 포크가 함께 있어야 하는 이유를 찾는 것이 아닌 세상에는 어떤 계산된 필연보다 우연히 조합된 것이 존재한다는 것을 상징한다.

다다이즘의 색채 경향은 일반적으로 어둡고 칙칙하며 낡거나 우중충한 색채를 사용한다. 또한 극단적인 원색대비를 사용하기도 한다.

2 초현실주의

초현실주의는 프로이트의 정신분석의 영향으로 무의식의 세계 내지는 꿈의 세계의 표현을 지향하는 20세기 문학 예술사조이다. 쉬르레알리슴이라고도 하며 1920년대 프랑스에서 일어난 예술운동으로 초현실적이고 비합리적인 자유로운 상상을 추구하는 미술이다.

'두 사람'은 호안미로의 작품으로 선명한 원색을 사용하였으며 그 모습들이 현실에는 존재하지 않는 기이한 모습으로 표현하였다.

두 사람

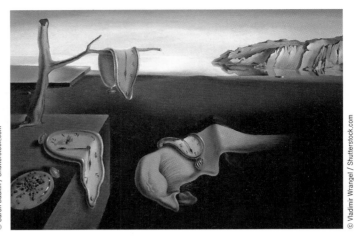

기억의 고집

초현실주의 대표 컬러팔레트

'기억의 고집'은 살바도르 달리의 작품으로 정신 분석학을 이용하여 인간의 마음 속에 있는 불안과 공포를 의도적으로 나타내려 하였고 왜곡된 비현실적 꿈속 장면을 표현하여 초현실적 공간을 나타내었다.

'인간의 조건'은 르네 마그리트의 작품으로 꿈속의 이미지와 정신세계를 사실적 그림으로 나타내었으며 이 작품은 무엇이 그림이고 무엇이 풍경인지 착각을 일으키게 한다.

초현실주의의 색채 경향은 몽환적 색채와 연결되는 고명도와 밝은 색채들을 사용하였다.

3 옵아트

옵아트는 '옵티컬 아트(Optical Art)'를 줄인 용어로 '시각적인 미술'의 약칭이라 할 수 있다. 옵아트는 '망막의 미술'과 '지각적 추상'이라는 다른 명칭으로도 불린다. 옵티컬이란 '시각적 착각'을 의미하는데 옵아트의 작품은 실제로 화면이 움직이는 환각을 일으킨다.

'폭포'는 브릿지 라일리의 1967년 작품으로 정적인 그림이지만 착시 현상으로 인해 선

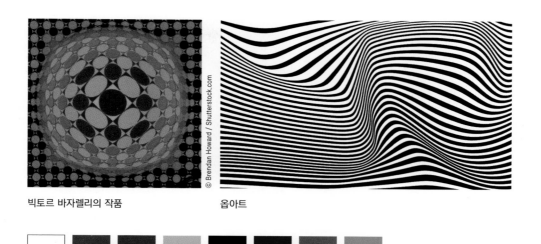

빅토르 바자렐리의 작품   옵아트

© Brendan Howard / Shutterstock.com

옵아트 대표 컬러팔레트

들이 움직이는 듯한 착각을 불러일으킨다.

빅토르 바자렐리의 작품도 착시현상에 의한 움직임을 보여준다.

옵아트의 색채 경향은 흑, 백이 많이 사용되었으며 색채의 원근법이 활용되었다.

4 팝아트

파퓰러 아트(Popular Art, 대중예술)를 줄인 말로서, 1960년대 뉴욕을 중심으로 일어난 미술의 한 경향을 말한다. 1950년대 중·후반 미국에서 추상표현주의의 주관적 엄숙성에 반대하고 매스미디어와 광고 등 대중문화적 시각이미지를 미술의 영역 속에 적극적으로 수용하고자 했던 구상미술의 한 경향을 말한다.

'음 어쩌면'은 로이 릭텐스타인의 1965년 작품으로 도회지 여성으로 보이는 금발 여성의 생각이 말풍선을 통해 관람객에게 전달된다. 만화 이미지에 문자를 사용하여 문자와 형태의 이미지 통합을 시도했다.

'Ohhh...Alright...'는 로이 릭텐스타인의 1964년 작품으로 유화 작품이다.

'행복한 눈물'은 로이 릭텐스타인의 1964년 유화 작품이다.

팝아트의 색채 경향은 전체적으로 어두운 톤을 사용하며 현란한 강조색을 사용한다.

© Iakov Filimonov / Shutterstock.com

팝아트 스타일

팝아트 대표 컬러팔레트

5 미니멀리즘

미니멀리즘은 단순함과 간결함을 추구하는 예술과 문화적인 흐름으로 제2차 세계대전 전후로 시각 예술 분야에서 출현하였다. 음악, 건축, 패션, 철학 등 여러 영역으로 확대되어 다양한 모습을 나타내고 있다. 영어에서 '최소한도의, 최소의, 극미의'라는 뜻의 '미니멀(minimal)'과 '주의'라는 뜻의 '이즘(ism)'을 결합한 미니멀리즘 용어는 1960년대부터 쓰이기 시작했다.

도날드 저드는 미니멀리즘의 창시자라고도 불리는데 그의 '무제'라는 작품은 어떠한 비유와 상징 없이 상자 모양의 단순한 조각들을 규칙적으로 나열하고 있다.

'무제'라는 솔 르위트의 1971년 작품은 에칭 기법의 작품으로 뉴욕 현대 미술관에 소장되어 있다.

미니멀리즘의 색채 경향은 단순한 색의 사용과 극단적 간결성의 강조이다.

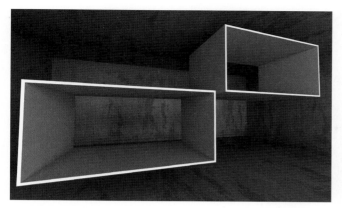

미니멀리즘 스타일

미니멀리즘 대표 컬러팔레트

6 플럭서스

1960년대 초부터 1970년대에 걸쳐 일어난 국제적인 전위예술 운동으로 플럭서스는 '변화', '움직임', '흐름'을 뜻하는 라틴어에서 유래한다. 또한 혼합매체(mixed media)적인 액션 형식의 하나로 극단적인 반예술적 전위운동을 가리킨다.

'전기 고속도로 : 미국 대륙, 알래스카, 하와이'라는 작품은 백남준의 1995년 작품으로 336개의 텔레비전을 이용해 대형 비디오 설치작품으로 표현했다.

'이지라이더'라는 작품은 백남준의 1995년 작품으로 TV 모니터를 활용해 오토바이를 형상화한 것이다.

플럭서스 색채 경향은 전반적으로 회색조를 이루며 색이 사용된 경우 역시 어두운 톤이 주를 이루는 경우가 많다. 또한 원색이 사용되는 경우는 조화되지 않는 불안한 느낌의 적색이 주로 사용된다.

© Gina Smith / Shutterstock.com

백남준의 작품

플럭서스 대표 컬러팔레트

7 페미니즘

여성과 남성의 권리 및 기회의 평등을 핵심으로 하는 여러 형태의 사회적·정치적 운동과 이론들을 포괄하는 용어이다. 페미니즘은 여성의 권리를 주장하고 실현하는 것을 목표로 1, 2, 3차 페미니즘 물결로 나뉜다.

'땋은 머리를 이고 있는 자화상'은 프리다 칼로의 1941년 유화 작품으로 땋은 머리는 메두사처럼 살아 움직이는 뱀과 같은 인상을 풍기며 아즈텍 문명에서 뱀의 여신이자 대모신의 모습을 은유적으로 보여주었다.

'부러진 척추'도 프리다 칼로의 1944년 작품으로 교통사고로 척추에 철근이 박히고 온몸에 못이 꽂힌 채 눈물 흘리는 자신의 모습을 그린 자화상이다. 인상적인 것은 인물의 표정이다. 미간까지 연결된 짙은 눈썹과 허리까지 내려온 흑발, 똑바로 정면을 바라보는 강렬한 눈빛과 냉담한 표정으로 완성도를 높였다. 자신의 고통에 대한 표현은 상징과 초현실이 결합된 방식으로 나타났다.

페미니즘의 색채 경향은 사회적 여성의 권위를 주장하는 것처럼 흑백, 원색의 대비를

프리다 칼로

페미니즘 대표 컬러팔레트

강하게 사용하거나 남성의 복장 색을 여성에게 적용시키기도 하였다.

8 포토리얼리즘

1960년대 후반에 추상이 지배하던 뉴욕과 서유럽 예술의 중심지에서 나타난 예술 사조이다. 사실주의의 한 유파이며 극사실주의나 초사실주의 등의 이름으로 불리기도 한다. 포토리얼리즘 회화는 사진 없이 존재할 수 없으며, 포토리얼리스트들은 변화와 운동을 1초라는 시간 속에 고정하여 세밀하게 재현해야 한다. 사진만이 그것을 할 수 있기 때문에 사진과 같은 극명한 화면을 구성하려고 원색적이고 자극적인 색이 주로 사용된다.

'Central Savings'는 리처드 에스티즈의 1975년 작품으로 정교함과 선명함이 특징이다. 반짝이는 평면의 유리창은 여러 겹으로 투영된 영상들의 미로를 이루고 있으며 선명하고 광택으로 반짝이는 세계인 동시에 왜곡과 이중성을 보여준다.

'퀸'은 오드리 플랙의 1976년 작품으로 현대사회에서 여성의 역할, 강하고 다재다능하지만 기본적으로 종속적인 여성의 역할을 다뤘다.

'자화상'은 척 클로즈의 2000년 작품으로 친구의 얼굴을 거대한 크기의 여권 사진으로 그리고 있다. 확대된 사진같이 정교하고 세부 묘사된 초상화이며 원거리에서 보면 사람의 초상이지만 근거리에서 보면 점들의 무늬로 표현되어 있다.

포토리얼리즘의 색채 경향은 원색적이고 자극적인 색상의 활용이다.

포토리얼리즘 대표 컬러팔레트

9 포스트모더니즘

20세기 중·후반에 일어난 문예 운동이다. 미술의 추상화로 인해 표현과 관객들과의 소통을 중요시하고 때에 따라 남의 작품의 이미지를 빌려 오거나 그 기법을 이용해 작품을 만들었다. 포스트모더니즘 작품은 다양한 형식과 주제로 작품이 만들어졌다. 기존

© Ron Ellis / Shutterstock.com

장 뒤뷔페의 작품

포스트모더니즘 대표 컬러팔레트

의 이미지를 차용했던 차용미술, 이야기를 담고 있는 서술적 회화, 낙서가 예술이 되었던 낙서 미술, 작품에 정치·사회적 내용을 담은 정치미술이 있다.

'샘'은 세리 레빈의 작품으로 뒤샹의 샘을 차용하여 만들었다.

'앉아 있는 남자가 있는 풍경'은 장 뒤뷔페의 1974년 작품으로 우를루프 연작 중 하나이다. 얼굴이나 모양에는 낙서 또는 어린이 그림을 연상하게 하는 클래식적 소박한 선의 자유로움을 찾을 수 있다.

포스트모더니즘의 색채 경향은 무채색에 가까운 파스텔 톤이 주를 이루며 선호색채는 복숭아색, 살구색, 올리브그린, 청록색, 보라색 등이 있다.

10 키치

'속악한 것, 속임수의, 모조품의' 혹은 '본래의 목적으로부터 빗나간, 사용방법을 이탈한 것'을 가리키는 용어이다. 영어의 'sketch' 또는 의미가 모호한 독일어의 동사 'kitschen' 등에서 그 어원을 찾아볼 수 있는 이 용어는 19세기 말 뮌헨의 예술가들 사이에서 유행되었다. 고결함의 결여를 나타내는 그림과, 감상적인 중산층들의 동경심을 만족시키는 그림의 비판적인 의미로 사용되었다. 키치는 고의로 속악(俗惡)하고 저급하게 표현한 이미지, 통상관념을 벗어나는 표현을 할 때 이런 이미지로 나타낸다.

풍선 개

키치 대표 컬러팔레트

'중국인 소녀'는 블라디미르 트레치코프의 작품으로 이 작품은 현대 미술에서 가장 많이 모사된 초상화로 여겨진다.

'풍선 개'는 제프 쿤스의 작품으로 원색의 파티용 풍선을 꼬아 만든 듯한 작품이다. 무거운 스테인리스 스틸로 이뤄진 매끈한 조각 작품이다.

키치의 색채 경향은 채도, 명도가 비교적 낮은 톤의 배색을 사용하고 어두운 색이나 회색 계열의 색을 강조색으로 사용함으로써 미묘한 변화를 주고 있다. 지나치게 콘트라스트가 크면 명쾌한 느낌이 강해져 혼잡한 이미지가 사라지게 되므로 주의해야 한다.

11 해체주의

파괴 또는 해체, 풀어헤침의 행위적 관점에서의 부정적 경향이 강한 예술 사조이다. '해체'에 대한 통속적인 이해는 조립 또는 조형에 반하여 분해 또는 풀어헤침, 그리고 건설에 반하여 파괴를 지칭하는 행위와 직결되어 있다.

'떼'라는 작품은 데이비드 에디의 조각 작품으로 실제 사람의 영혼과 같은 느낌의 인물 조형이다. 이 작품은 각각의 조각 핀을 사용하여 부착하면서 사람의 피부, 나체와 같은 모습을 표현한다.

'춤추는 빌딩'은 프랑크 게리의 작품으로 해체주의의 건축양식을 반영한 탈형식의 건

© Vladimir Sazonov / Shutterstock.com

춤추는 빌딩

해체주의 대표 컬러팔레트

축물이다.

해체주의의 색채 경향은 강렬한 색 또는 재질에 의해 강렬한 주제가 대변된다. 또한 색채의 활용은 형태 개념의 강화와 연관이 있다.

PRACTICE 02

시대별 대표 이미지를 선정하여 부착하고 해당 이미지의 컬러를 추출하여 완성한다.

	시대	IMAGE	COLOR				
고대	구석기시대						
	이집트						
	그리스, 로마						
중세	르네상스						
	바로크						
	로코코						
근대	미술공예운동						
	사실주의						
	인상파						

시대		IMAGE	COLOR				
근대	야수파						
	비대칭 추상미술						
	큐비즘(입체파)						
	바우하우스						
	데스틸						
	아르누보						
	아르데코						
	구성주의						
	아방가르드						

시대		IMAGE	COLOR				
근대	미래주의						
현대	다다이즘						
	초현실주의						
	옵아트						
	팝아트						
	미니멀리즘						
	플럭서스						
	페미니즘						
	포토리얼리즘						

	시대	IMAGE	COLOR				
현대	포스트모더니즘						
	키치						
	해체주의						

03
CLASSIC BEAUTY
클래식 뷰티

클래식 뷰티
CLASSIC BEAUTY

1900년대

이 시기는 과학의 발달이 급속하게 이루어진 시기로 산업화가 이루어졌고 평화의 시대라고 불리웠던 벨에포크(bell epoque) 시대가 열렸다. 이 시대는 계층 간의 벽이 허물어지고 여성의 지위가 향상되면서 메이크업은 특정 계층을 위한 것이 아니라 대중화 되었으며, 무성영화의 등장으로 대중스타의 헤어, 메이크업과 패션에 관심이 증가하였다. 1900년대 초는 19세기의 영향으로 순수한 여성미를 표현하기 위해 창백한 피부표현과 자연스러운 메이크업이 지속되었으며, 립스틱의 사용이 대중화되었다. 산업사회의 발전으로 화장품 제조 산업은 크림, 샴푸, 매니큐어가 대량 생산되기 시작했고 청결하고 깨끗한 피부를 만드는 기초화장품, 비누 등의 화장품 제조 기술이 발전하기 시작했다.

이 시기에는 아르누보 양식이 유행하였는데, 1900년대 초에는 20세기 이전보다는 단순한 형태의 퐁파두르 헤어스타일이 유행하여 아르누보의 풍요로움과 곡선미를 표현하였다. 느슨하고 부드럽게 치켜 올린 머리 형태로, 장식적인 19세기 말보다는 단순화된 형태로 변화되었으며, 1900년대 후반부에는 퍼머넌트(permanernt) 기술이 생겨나 머리 손질이 손쉽게 되었다. 스트레이트 헤어보다는 컬을 만드는 웨이브와 과장된 볼륨을 강조하여 우아한 여성의 분위기를 연출하였으며, 후반기에는 패션과 뷰티 분야에 오리엔탈리즘이 강세를 보여 동양적인 색조와 메이크업 형태가 유행하였다. S자형 실루엣

유행으로 가슴이 강조되고 허리가 조여지는 형태에서 후반으로 가면서는 직선적인 실루엣으로 변해 실용성이 강한 테일러드 수트가 대중화되었다.

1910년대

1914~1918년까지 일어난 제1차 세계대전으로 인해 사회, 정치, 경제, 문화적인 큰 변혁이 일어났다. 이 시기는 여성의 사회참여가 활발해지는 시기로, 의상은 실용적이고 심플한 스타일이 유행하였으며, 보브스타일(bob style)의 짧은 헤어스타일과 진한 메이크업이 주를 이루었고, 그 당시 무성영화의 여배우들이 패션과 뷰티의 아이콘이 되었다.

영화 'Vamp'의 테다 바라(Theda Bara)와 폴라 네그리(Pora negri)는 가는 일자형 눈썹과 강한 음영의 아이메이크업으로 이 시대 대표적인 메이크업을 유행시켰다. 눈썹은 펜슬을 사용하여 관자놀이까지 길게 늘어진 형태로 가늘게 그렸으며 입술은 입술선을 정확히 그려 작고 가는 형태로 표현하였다. 1900년대 말 시작된 오리엔탈리즘의 붐으로 동양적이고 신비로운 강한 색조화장이 유행했고 인조 속눈썹의 사용이 대중화되었다. 특히 디아길레프 러시아 발레단의 메이크업 영향으로 붉은색의 입술이 유행하게 되었으며, 코올(kohl)을 사용한 강한 아이라인과 과도한 마스카라 사용, 인조 속눈썹을 사용해 눈매를 신비롭고 그윽하게 표현한 관능미를 연출했다. 남녀평등 사상으로 생겨난 보브(bob) 스타일은 이 시기의 단순함과 기능성을 추구하는 시대상을 반영하

고 있으며, 깁슨과 마샬에 의해 오랫동안 지속된 과감하고 혁신적인 것이었다. 깃털 장식이나 토크형의 모자, 터번과 베일을 이용한 머리장식으로 여성스러움을 강조했다.

1920년대

이 시기는 단순성과 기능성을 추구한 아르데코(art deco)의 새로운 양식이 출현했으며, 문화와 과학의 눈부신 발전이 있었다. 강렬하고 화려한 색조와 강한 색상 대비의 아르데코 양식은 미래주의와 기하학적 선으로 패션과 디자인 분야에 큰 영향을 주었다. 여가생활의 증가와 여성들의 지위가 향상되어 생활방식에 큰 변화를 가져왔으며, 플래퍼(flapper)룩, 가르손느(garconne)룩의 개성적이고 활동적인 보이쉬한 패션스타일과 중성적인 헤어스타일이 유행하였다. 1920년대는 영화의 대중화가 이루어진 시기로 스타의 메이크업이 큰 영향을 미쳤다. 스모키 아이(smoky eyes)는 현재 가장 유명한 메이크업 중에 하나로, 어두운 아이메이크업과 벌에 쏘인 듯한 뾰루퉁한 입술(bee-stung lips)의 입술 윤곽이 선명하게 드러난 메이크업은 1920년대를 대표할 수 있다. 많은 사랑을 받았던 배우 루이스 브룩스(Louise Brooks)는 그녀의 트레이드마크인 더치 봅(Dutch bob)*과 드라마틱한 아이메이크업으로 그 시대의 패션과 뷰티 아이콘 중 하나

---

* 더치 봅 : 앞머리를 잘라 늘어뜨리고, 옆은 귀를 덮어 가지런히 자른 단발 머리.

였다. 눈썹은 가늘게 다듬어 아치형의 눈썹으로 표현하였으며 눈은 강한 코올로 가장 자리를 채웠고, 애플존에는 핑크블러셔, 큐피드 활 모양의 입술(cupid bow-mouth) 형 태를 가진 어둡고, 신비로운 요부의 느낌으로 표현되었다. 이 시대를 대표하는 클라라 보(Clara Bow), 글로리아 스완슨(Glolia Swanson)은 창백한 피부표현, 검은 아이메이 크업, 빨간색의 뚜렷한 입술로 인위적인 아름다움을 표현하였다. 짧은 헤어컷에 종 모 양의 클로슈(cloche) 모자와 헤어밴드 장식을 주로 사용했으며, 퍼머넌트 웨이브가 일 반적으로 행해졌다.

1930년대

이 시기는 불황과 실업의 경제대공황이 시작되었던 시기로, 실업자가 많이 생겨 일하던 여성을 가정으로 되돌려 보내게 되면서 이로 인해 여성들에게 여성스러움이 요구되기 시작했다. 이러한 빈곤한 시기에 대중들은 영화를 통해 어려운 현실에서 벗어나고자 하여 영화산업은 풍요로웠으며, 영화배우들의 스타일은 더욱 유행하게 되었다. 패션은 여성의 신체 곡선을 강조하는 부드러운 실루엣을 살려 성숙하고 우아한 여성적인 스타 일의 복고풍이 유행하였으며, 이 시대의 메이크업은 음영을 강조한 아이메이크업과 벌 에 쏘인 듯한 뾰루퉁한 입술(bee-stung lips)의 입술 윤곽이 선명하게 드러난 메이크업 을 볼 수 있다. 진 할로(Jean Harlow), 마를린 디트리히(Marlene Dihitrich), 그레타 가

© Bess Georgette / flickr.com

© Infrogmation / flickr.com

© Patrick Lentz / flickr.com

© Dennis Amith / flickr.com

르보(Greta Garbo)는 눈썹을 제거하고 가늘고 정교하게 그려진 눈썹형태로 1930년대 트렌드를 주도하고 있었다. 컬이 강한 속눈썹과 마스카라를 사용하여 눈매를 강조했으며, 파랑, 녹색, 갈색 등의 부드러운 아이섀도로 아이홀 부분에 블렌딩하여 우아하고 세련되게 표현했다. 블러셔는 광대뼈 위에 윤곽을 강조하고, 입술은 선명하게 표현하기 위해 빨간색으로 활의 모양처럼 풍성하게, 눈썹은 시작부터 끝까지 둥근 형태로 그려졌다. 헤어스타일은 고풍스러운 여성의 이미지 표현을 위해 긴머리에 커다란 웨이브를 주었고, 가르마를 타서 빗어 내린 머리에서 귀밑에 여러 개의 롤이나 시뇽을 만들었으며, 블론드 헤어 컬러가 크게 유행했다.

1940년대

제2차 세계대전으로 기억되는 스윙시대의 1940년대에는 남성들이 전쟁에 참여하는 동안 여성들은 생업에 참여하였다. 전쟁 후 유럽은 침체기에 있었으며 세계 문화의 중심으로 미국이 부상하기 시작했고, 대중을 중심으로 한 자유로운 사고가 지배하기 시작했다. 컬러 영화가 제작되면서 다양한 색조 화장품이 생겨나고 미국의 할리우드는 영화 산업의 중심지가 되었다. 이 시기의 패션은 심플해졌고 기능성을 강조했으며, 각진 어깨, 짧은 스커트의 밀리터리 룩(military look)이 유행했다. 메이크업은 팬케이크의 등장으로 피부를 완벽하게 커버했으며, 붉은 립스틱은 필수 아이템이었다. 입술은 선

명한 레드로 윗입술을 실제 입술보다 크고, 둥글게 표현하였으며, 아이라이너는 강하게 바깥쪽으로 빼주고 눈썹은 자연스럽게 표현하였다. 영화배우 리타 헤이워스(Rita Hayworth), 베로니카 레이크(Veronica Lake)는 이 시대 가장 대표적인 아이콘이다. 이 시대의 메이크업은 미니멀하고 클래식하고 우아했다. 이 룩을 재현하기 위해 속눈썹 사이에 정교하게 펴 발라진 아이라이너와 함께 회갈색(taupe) 아이섀도가 아이홀 부분에 사용되었다. 블러셔는 볼 윗부분에 칠해졌고, 빨간 입술은 풍성한 활 모양으로 넓게 채워졌다. 눈썹은 긴 아치 형태로 그려졌으며, 립스틱 색상은 선명한 레드, 로즈핑크, 산호색, 황갈색 등이 사용되었다. 여성들은 스카프를 터번 모양으로 만들어 머리를 묶었으며, 두상을 작게 보이는 시뇽 형태로 컬을 만들어 머리에 고정하는 업스타일을 주로 연출하였다.

1950년대

이 시기는 미국과 소련의 대립에 의한 냉전체제의 상황에서 과학기술의 발전으로 경제적 호황과 소비문화가 발전하기 시작했다. TV의 보급으로 대중문화가 확산되어 미국의 팝(pop) 문화와 영화예술은 젊은 세대를 중심으로 새로운 문화가 형성되었다.

1950년대의 글래머러스한 할리우드 룩을 대표하는 마릴린 먼로(Marilyn Monroe)의 룩은 현재에도 핀 업의 대상이었다. 이 시기에는 포니테일이 사라지고, 벌집모양의 헤

어, 매서운 눈매를 가진 강한 스타일로 눈을 돌리기 시작하였다. 매력적이고 깨끗하며, 신선한 아이메이크업을 위해 파스텔 블루, 핑크, 바이올렛 색상이 다양하게 사용되었으며, 눈썹은 강하면서 아치 형태로 표현했다. 블랙 리퀴드 아이라이너는 특히 눈 중앙 부분에 더 두껍게 사용하여 강하게 표현하였으며, 화이트 아이라이너를 눈의 안쪽에 사용했다. 또한 이 시기에는 마스카라를 과다 사용했고, 인조 속눈썹이 사용되었으며, 입술에는 밝은 레드, 핑크 또는 오렌지 색상이 사용되었다. 핑크나 피치 색상의 블러셔는 볼의 중앙 애플존에 사용되었다. 이 시기에는 오드리 햅번의 짧은 커트의 발랄함을 강조하기도 했으며, 소피아 로렌과 에바 가드너의 관능적인 이미지를 표현하기도 했다. 이 당시 헤어스타일은 오드리 햅번의 쇼트헤어와 풍부하고 입체감 있는 웨이브가 동시에 유행했다.

1960년대

1960년대는 팝아트, 옵아트, 미니멀리즘 등 현대적 감각의 예술사조가 젊은 세대에게 큰 영향을 미쳤으며, 반항적 의식과 생동감이 넘쳐났다. 또한 대중문화의 확산으로 생활방식에 큰 변화를 가져왔으며, 상업문화가 성장하게 되었다. 이 시기는 완벽하게 다른 패션 및 메이크업 트렌드를 볼 수 있다. 모델 트위기(Twiggy)는 1966년에 부각되었으며, 그녀의 짧고, 중성적인 헤어스타일과 디자이너 마리 콴트(Mary Quant)에 의해

만들어진 패션 모드는 전 세계 패션과 뷰티의 변화를 가져왔다. 트위기는 밝은 파스텔 립스틱과 아이섀도, 인조 속눈썹, 아이홀 라인에 그려진 두꺼운 아이라이너와 엄청난 양의 마스카라를 사용하였다. 마리 콴트는 미니스커트와 핫팬츠를 만들어낸 많은 디자이너 중 하나이지만, 1960년대 중반에는 멀티 제품과 팔레트를 제시한 새로운 유행 메이크업 라인을 만들어냈다. 1960년대 말에는 사랑과 평화의 시대, 여성해방이 시작되면서, 메이크업은 미니멀해지고 내추럴해졌다. 헤어는 길게 기르고 스타일링은 특별히 하지 않았다. 리처드 아베든(Richard Avedon)에 의해 만들어진 1960년대 모델 트위기의 상징적 이미지인 보그 표지모델에 사용된 메이크업은 1960년대 팝아트 메이크업의 대표적인 사례로 볼 수 있다. 브리짓드 바르도(Brigitte Bardot)는 트위기와는 다른 매력으로 섹시한 분위기를 연출하여 아이라인을 강조하고 입술라인을 바깥쪽으로 그려 두툼한 입술라인으로 연출하였다. 또한 창백한 얼굴의 "돌리버드(dolly bird)" 룩은 강한 아이라이너가 위, 아래로 사용되었고, 강한 인조 속눈썹을 사용하였으며, 눈꺼풀 위쪽에 차콜(charcoal) 색상을 사용해 눈을 더 깊이 있게 만들었다. 강한 하이라이터와 블러셔가 사용되었고 입술은 페일 브라운(pale brown), 소프트 핑크(soft pink), 피치(peach) 색상이 사용되었다. 이 룩은 앤디 워홀(Andy Warhol), 트위기, 오스틴 파워(Austin Powers)의 과장성에 의해 영감을 받았으며, 두껍고 풍성한 인조 속눈썹은 이 룩을 완성하는 데 사용되었다. 비달 사순(Vidal Sassoon)은 기하학적 모양의 커트를 유행시켰으며, 재클린의 과도하게 부풀린 부팡스타일과 후반부에는 자연스럽게 풀어내린 히피스타일이 유행하였다.

1970년대

1970년대는 경제 불황의 시기로 실업률 증가와 암울한 미래에 의해 합리적인 소비를 추구하였고, 자연으로의 회귀와 여성운동이 시작된 시기였다. 대중음악은 전통에 대한 거부의 시대상을 반영하여 글램락과 디스코, 펑크 뮤직이 혼합되어 나타났고, 이는 곧 패션과 뷰티 세계에 영항을 미쳤다. 젊은 세대가 패션을 주도하면서 의상은 피트되었고 나팔바지와 유니섹스 룩이 나타나기 시작했으며, 청바지가 크게 유행했다. 메이크업은 강하고 화려했으며 많은 컬러와 글리터들이 사용되었다. 젊은 세대의 사회에 대한 반항, 분노, 좌절을 표현한 펑크족들에 의해 블러드 레드 립스틱과 블랙 아이메이크업, 끝이 가는 눈썹 형태로 메이크업은 대담했고 컬러풀했으며 극적인 형태였다. 펑크음악과 무정부 운동은 그 시대의 사회적 행동을 주도했으며, 안전핀은 코와 귀의 액세서리가 되었고 의상은 대부분 블랙을 선호했으며, 헤어는 모호크족이나 스파이크처럼 거칠게 염색하거나 스타일링 되었다. 반면에 이국적인 느낌을 표현하는 컬러풀하고 자연으로부터 영감을 얻은 페이스 페인팅이 나타나기도 했다. 1970년대의 또 다른 형태의 메이크업은 우아한 여성미를 표현하는 엘레강스, 클래식의 개념이 가미된 자연스러운 메이크업과 롱헤어 스타일이 유행하였다. 1970년대의 자연으로의 회귀 운동으로 리사 헤이워스의 굵은 웨이브인 복고풍과 블로우드라이를 하여 자연스러운 컬의 어깨길이 웨이브가 유행했다.

© Bess Georgette / flickr.com
© Ross Griff / flickr.com
© JustoRuiz / flickr.com
© Anastasia Dutova / flickr.com

1980년대

1980년대는 컬러의 확장이라고 볼 수 있다. 1980년대는 물질주의와 소비주의가 만연하여 과시적인 패션을 지향하고 포스트모더니즘적인 특성이 표출되었던 시기였다. 거대하고 기이한 헤어스타일과 메이크업 룩은 TV, 영화, 가수들에 의해 대중화되었다. 마이클 잭슨(Michael Jackson), 마돈나(Madonna), 보이조지(Boy George), 듀란듀란(Duran Duran)과 같은 유명한 아티스트의 란제리 룩, 앤드로지니어스 룩(androgynous look) 등은 대중들에게 많은 영향을 미쳤다.

헤어는 1980년대 전반에 걸쳐 부풀려진 곱슬머리 형태를 하였고, 다양한 헤어 연출이 가능한 제품들이 사용되었다. 또한 메이크업은 컬러풀하고 대담하여 형광 색상의 마스카라와 아이섀도를 눈썹까지 펴 발라 대담하게 사용하였다. 블러셔 또한 과도하게 적용되어 헤어라인까지 펴 발라졌다. 1980년대 메이크업은 매트하고, 강하고, 깊고, 매력적으로 표현되었다. 눈은 아이홀 부분을 깊숙이 보이도록 블렌딩하였고 위쪽과 아래쪽에 아이라이너가 사용되었다. 자연스럽고 풍성한 눈썹과 함께 레드 립스틱은 크게 유행하였다.

© Raoul Luoar / flickr.com

1990년대

1990년대는 PC가 일반화되고 인터넷을 통한 정보의 네트워크로 인해 생긴 글로벌리즘이 생활의 변화를 가져온 시기였으며, 환경문제의 대두로 에콜로지풍이 등장하기 시작했다. 물질적 풍요보다는 마음의 풍요가 중요시되어 퓨전의 개념과 미니멀리즘이 강세였다. 1990년대부터는 다양한 메이크업이 공존하였으며, 1990년대 말에는 밀레니엄과 미래적인 이미지를 표현하여 펄을 사용한 사이버메이크업이 등장하기 시작했다. 1990년대 중반에는 완벽한 피부표현과 짙은 메이크업이 유행하여 화려한 여성을 표현하였다. 또한 개성을 중시하면서 다양한 헤어 컬러와 스타일이 유행하여 다채롭고 화려한 뷰티디자인이 나타났다. 인권문제 및 인종의 다양성이 관심을 받으면서 젊은 세대의 힙합 스타일과 레게 스타일이 유행하게 되었으며, 비달 사순의 비대칭 커트, 대담한 컬러의 헤어스타일로 헤어아트의 개념이 확산되었다. 윤기있고 빛나는 머릿결이 중시되었으며, 블론드헤어와 핑크, 레드, 라이트 브라운의 모발색이 유행하였다.

© alacoolb / flickr.com

© jingdianmeinv / flickr.com

© Pimkie / flickr.com

© fervent-adepte-de-la-mode / flickr.com

2000년대 이후

2000년대는 세계화가 빠르게 진행되어 생활양식이 매우 다양하며, 지난 모든 시대의 조합이라 할 수 있다. 과거와 미래의 공존, 동서양의 결합 등 퓨전의 개념이 확산되었으며, 인터넷, 미디어의 급속한 발달로 새로운 시대가 열리기 시작했다. 메이크업 분야에서는 밀레니엄 룩을 연출하기 위해서 메탈릭 크림 아이섀도, 글리터, 강렬한 색상 등을 사용했으며, 개성이 중시되는 트렌드로 다양한 피부표현과 색상이 제시되었다. 웰빙이라는 키워드가 생겨났으며, 에콜로지의 개념의 확대로 내추럴리즘이 강세를 보여 자연스러운 피부표현의 메이크업이 메가 트렌드로 자리잡았다. 미백이나 안티에이징 등의 기능성 화장품이 발달하였고, 개인의 개성을 살리고 단점을 보완하는 건강하고 자연스러운 메이크업이 선호되었다. 피부의 결을 중시하는 베이스 메이크업과 음영을 강조하는 컨투어링에 집중하였으며, 다양한 컬러의 립스틱이 사용되었다. 헤어는 다양한 스타일이 공존하였으며, 자연스러운 웨이브, 보브컷, 비대칭 헤어 등이 나타났다.

PRACTICE 03

연대별 대표 이미지를 선정하여 부착하고 해당 이미지의 컬러를 추출하여 완성한다.

ERA	IMAGE	COLOR
1900		
1910		
1920		
1930		
1940		
1950		

ERA	IMAGE	COLOR
1960		☐ ☐ ☐ ☐ ☐
1970		☐ ☐ ☐ ☐ ☐
1980		☐ ☐ ☐ ☐ ☐
1990		☐ ☐ ☐ ☐ ☐
2000		☐ ☐ ☐ ☐ ☐

04

PERSONAL COLOR

퍼스널 컬러

퍼스널 컬러
PERSONAL COLOR

퍼스널 컬러의 개념

현대 사회는 감성·정보화 시대로 예전에 비해 시각 정보의 역할이 점점 커지고 있다. 이는 인간관계에서도 동일하게 작용하여 성격, 표정, 말투, 태도, 옷차림 등의 다양한 시각 정보가 통합되어 하나의 이미지를 생성하고 특정 이미지가 자신의 아이덴티티로 드러나 타인에게 전달된다. 상대방에 대한 외모 이미지의 영향력은 강하고 빠르게 결정되며 첫인상을 통해 이미지를 결정하는데 미국인이 15초, 일본인이 6초, 한국인이 3초 정도 걸린다고 한다. 이렇게 짧은 시간에 형성된 자신의 이미지를 바꾸기 위해서는 60번의 만남을 가져야 한다. 따라서 인간관계에서 긍정적 이미지를 구축하여 자신만의 아이덴티티를 구축하는 것은 치열한 경쟁사회에서 중요한 문제로 부각되고 있다. 인간은 지각 특성상 형태와 색채, 움직임 등의 시각 정보 중 색채를 가장 빠르게 처리하는 특성이 있는데 이를 활용하여 자신의 이미지를 긍정적으로 변화시킬 수 있다. 퍼스널 컬러란 개개인이 가지고 있는 신체의 고유한 색(피부색, 머리카락 색, 눈동자 색)을 분석하여 개인마다 어울리는 색을 찾는 과정을 말한다. 우리는 흔히 좋아하는 색이 나에게 어울리는 색이라고 혼동하는 경우가

자주 있다. 하지만 좋아하는 색은 심리적·환경적·교육적 영향 등을 통해 형성된 것이며 좋아하는 색과 어울리는 색이 반드시 일치하는 것은 아니다. 따라서 자신에게 어울리는 색을 찾아 이를 기반으로 메이크업, 헤어, 의상 등의 색에 응용하여 자신의 장점은 부각시키고 단점은 보완하며 자신을 돋보이게 연출하여 외형의 아름다움과 심리적인 만족감을 느끼게 해주는 것이 바로 퍼스널 컬러이다. 자신에게 어울리는 색을 찾아가는 과정을 통해 자신만의 이미지를 구축할 수 있으며 유행에 치우친 스타일에서 자신만의 개성을 유지해갈 수 있는 노하우를 얻을 수 있으며 인간관계에서 심리적·정서적 안정감을 통해 자신감을 향상시킬 수 있다.

퍼스널 컬러의 역사

퍼스널 컬러의 어원은 프로소폰(prosopon)과 라틴어의 페르소나(persona)에서 유래되었으며 독일의 화가이자 색채학자였던 요하네스 이텐(Johannes ltten, 1888~1967년)의 교수법으로부터 출발하였다. 바우하우스에서 색채교육을 하던 이텐은 다양한 인종의 학생들을 가르치면서 그들이 사용하는 고유의 색감이 신체 색상(피부색, 머리카락색, 눈동자 색)과 관련이 있다는 사실을 알게 되었다. 이텐은 이러한 사실을 기초로 학생들을 4계절로 분류하였으며 이는 현재 퍼스널 컬러 이론의 시초가 되었다.

Suzanne Caygill(1911~)은 그의 저서인 《Key To Color Harmoney》에서 퍼스널 컬러 시스템의 콘셉트를 처음으로 확립하였다. 그녀는 이텐의 4계절 분류법을 응용·발전시켜 사람을 아름답게 하는 방법을 고안하여 체계화 시켰으나 당시에는 주목을 받지 못하였다.

로버트 도어(Robert Dorr, 1905~1980년)는 1928년에 배색의 조화와 부조화의 원리를 발표하면서 색은 색이 가지고 있는 성질에 따라 따뜻한 색(yellow base)과 차가운 색(blue base)으로 나눌 수 있다고 주장하였다. 그는 1963년 'Color key Program'을 발표하였으며 이 이론을 정리하여 860색을 yellow base 430색, blue base 430색으로 구분하였다.

캐롤 잭슨(Carole Jackson, 1942~)은 1980년에 저서 'Color Me Beautiful'을 발표하였다. 이 책은 누구나 쉽게 이해할 수 있도록 퍼스널 컬러 분석법을 제시하고 이를 활용하여 자신에게 맞는 색채를 활용하도록 하였다. 이를 계기로 퍼스널 컬러가 대중들에게 소개되는 계기가 되었다. 캐롤 잭슨의 퍼스널 컬러 이론은 이텐과 로버트 도어 이론이 합쳐진 것으로, 신체 색상인 피부색, 머리카락 색, 눈동자 색을 구분하여 네 가지 (봄, 여름, 가을, 겨울) 유형으로 분류했다.

퍼스널 컬러의 유형

퍼스널 컬러 유형은 나라마다 조금씩 다른 시스템을 도입하여 사용하고 있으며 대표적인 이론은 미국에서 개발된 Four Base Color System 유형과 일본에서 개발된 Three Base Color System 유형이 있다.

1 Four Base Color System 유형 Four Seasons Color

같은 계열의 색이라도 베이스 컬러인 yellow와 blue에 따라 따뜻한 색(warm color)과 차가운 색(cool color)으로 구분되며, 이를 다시 톤으로 구분지어 4가지 타입의 spring, summer, autumn, winter로 분류한 진단 시스템을 말한다.

　진단의 기준이 되는 사항은 피부색, 머리카락 색, 눈동자 색이며 피부색의 비중이 가장 크다. 가장 보편적으로 사용되는 퍼스널 컬러 유형이며, 미국, 독일, 프랑스, 일본, 국내 등에서 사용되고 있다.

따뜻한 색과 차가운 색의 대표 컬러

일본의 Matsuura Sumie가 연구·개발한 것으로 사계절 컬러 시스템을 일본인에게 맞게 개량한 시스템이다. 베이스 컬러는 사계절 시스템의 blue와 yellow에 양쪽 어디에도 속하지 않는 Neutral Shade인 No base를 추가시켰다. 톤은 light, grayish, vivid, dark의 4가지로 구분하였다. 베이스 컬러와 톤의 조합에 따라 12가지 유형으로 나누었으며 BL(blue base, light), BG(blue base, grayish), BV(blue base, vivid), BD(blue base, dark), NL(No base, light), NG(No base, grayish), NV(No base, vivid), ND(No base, dark), YL(Yellow base, light), YG(Yellow base, grayish), YV(Yellow base, vivid), YD(Yellow base, dark)로 12가지 타입이 있다. 이 중 진단의 기준이 되는 사항은 사계절 컬러 시스템과 동일한 피부색, 머리카락 색, 눈동자 색이다.

퍼스널 컬러 진단방법(PCS: Personal Color System)

PCS 퍼스널 컬러 진단 시스템이란 개인의 고유한 신체색을 분석하여 어울리는 색과 어울리지 않는 색을 진단하는 방법이다. 컬러 진단 프로세스는 다음과 같은 순서로 진행된다.

① 퍼스널 컬러 진단에 대한 간략한 설명을 통해 진단 대상자의 이해를 도모하고 과거 퍼스널 컬러 진단 경험의 유무를 확인한다.

② 진단 대상자의 연령대, 직업, 선호색, 라이프 스타일 등의 설문을 통해 내적·심리적 요인도 분석의 기초 자료로 활용한다.

③ 정확한 진단을 위해 메이크업을 하지 않은 상태에서 흰색 케이프 천을 목에 두르고 육안으로 피부색, 머리카락 색, 눈동자 색을 진단한다. 진단 시에는 염색 유무나 렌즈 착용 유무를 확인하여 진단에 참고한다.

퍼스널 컬러 진단방법

④ 피부색, 머리카락 색, 눈동자 색의 진단 결과를 기초하여 따뜻한 계열(yellow base)
   과 차가운 계열(blue base)의 대표 진단천을 번갈아 얼굴에 대보면서 얼굴색의 변화
   를 관찰한다. 자신에게 어울리는 컬러 계열은 얼굴이 칙칙해 보이지 않고 화사해 보
   이며 잡티가 눈에 띄지 않고 생기있어 보이는 현상을 관찰할 수 있다.

⑤ 자신에게 어울리는 컬러 계열을 진단 받은 후 자신의 컬러 유형을 진단하기 위해 계
   절별 드레이핑을 진행한다. 자신이 따뜻한 계열일 경우 봄이나 가을에 속하는 컬러
   들을 드레이핑하여 자신에게 가장 잘 어울리는 계절 유형을 진단받는다.

⑥ 자신의 계절 유형이 결정되면 해당 계절에 속하는 컬러 중 가장 잘 어울리는 컬러
   와 스타일을 진단받고 세부적인 헤어, 메이크업, 의상 등에 활용할 수 있는 스타일링
   을 제안 받는다.

Four Base Color System의 컬러 이미지

Four Base Color System은 다양한 컬러를 색상과 톤으로 구분하여 4가지 유형으로
구분하였다. 이 같은 기준으로 같은 계열의 색이라도 베이스 컬러가 yellow 기미를 띄
는 색인지 blue 기미를 띄는 색인지에 따라 크게 따뜻한 색(warm color)과 차가운 색
(cool color)으로 구분되며, 이를 다시 soft톤(봄과 여름 유형)과 hard톤(가을과 겨울
유형)으로 구분지어 4가지 유형인 spring, summer, autumn, winter로 분류하였다.

1 봄 Spring

봄 유형은 yellow 기미를 띄고 명도와 채도가 높은 soft톤 유형이며 밝은, 깨끗한, 화
사한, 경쾌한, 귀여운 이미지이다. 봄 유형에 속하는 톤은 vivid, light, pale, soft, 기본
톤 등이며, 대표적인 베이직 컬러는 아이보리(ivory), 카멜(camel), 골든 브라운(golden
brown), 라이트 네이비(light navy)이다. 악센트 컬러로는 코랄 레드(coral red), 골든
옐로(golden yellow), 오렌지(orange), 애플 그린(apple green), 라이트 아쿠아(light
aqua) 등이 있다.

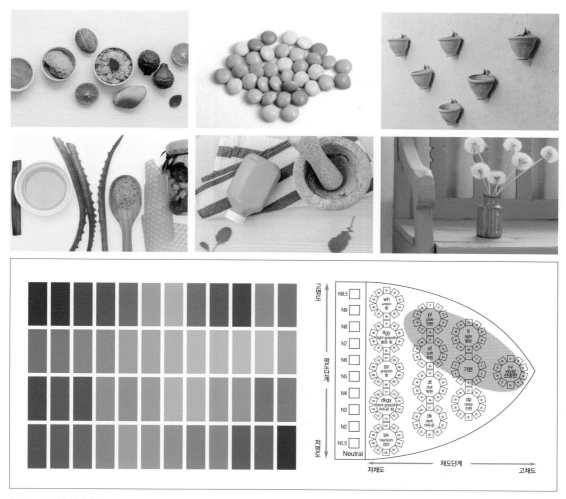

SPRING 타입 이미지와 주요 컬러군

2 여름 Summer

여름 유형은 Blue 색상 베이스에 soft톤 유형을 말한다. 기본적으로 흰색이 혼합되어 있어 명도가 높고 채도는 낮아 차갑고 부드러우며, 우아하고 기품있는 여성스러운 이미지이다. 여름 유형에 속하는 톤은 whitish, light grayish, grayish, pale, soft, dull, light 톤 등이며, 대표적인 베이직 컬러는 밀키 화이트(Milky white), 로즈 그레이(rose gray), 브라운 슈거(brown sugar), 플럼 브라운(plum brown), 그레이드 네이비(grayed navy)이다. 악센트 컬러로는 라이트 옐로(light yellow), 오키드(orchid), 로즈

핑크(rose pink), 라즈베리(raspberry), 파스텔 그린(pastel green), 스모키 블루(smoky blue), 라벤더(lavender) 등이 있다.

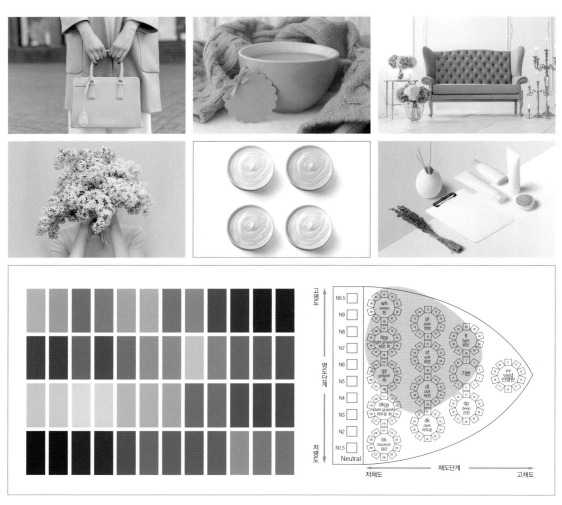

SUMMER 타입 이미지와 주요 컬러군

3 가을 Autumn

가을 유형은 yellow 색상 베이스에 hard톤 유형을 말한다. 노란 색상이 베이스인 봄의 유형과 같이 따뜻한 느낌을 가지고 있지만 명도와 채도가 낮아 봄에 비해 차분하고 무게감이 느껴지며 우아하고 클래식한 이미지를 지니고 있다. 가을 유형에 속하는 톤은 dull, deep, dark, dark grayish톤 등이 있으며, 대표적인 베이직 컬러는 모스 그레이(moss gray), 커피 브라운(coffee brown), 올리브 그린(olive green)이다. 악센트 컬러로는 머스타드(mustard), 딥 오렌지(deep orange), 새먼(salmon), 다크 토마토 레드(dark tomato red), 피스타치오(pistachio), 모스 그린(moss green), 터콰이즈(turquoise), 카키(khaki), 플럼(plum) 등이 있다.

AUTUMN 타입 이미지와 주요 컬러군

4 겨울 Winter

겨울 유형은 blue 색상 베이스에 hard톤 유형을 말한다. 파란 색상이 베이스인 여름 유형과 같이 차가운 느낌을 가지고 있지만 기본적으로 검은색이 혼합되어 있으며 채도가 높고 명도와 채도의 대비가 강하다. 차가운, 딱딱한, 심플한, 세련된 모던한 이미지를 지니고 있다. 겨울 유형에 속하는 톤은 vivid, deep, dark, blackish톤 등이 있으며, 대표적인 베이직 컬러는 스노우 화이트(snow white), 차콜 그레이(charcoal gray), 블랙(black), 코코아(cocoa)이다. 악센트 컬러로는 와인 레드(wine red), 아이시 블루(icy blue), 파인 그린(pine green), 로열 퍼플(royal purple) 등이 있다.

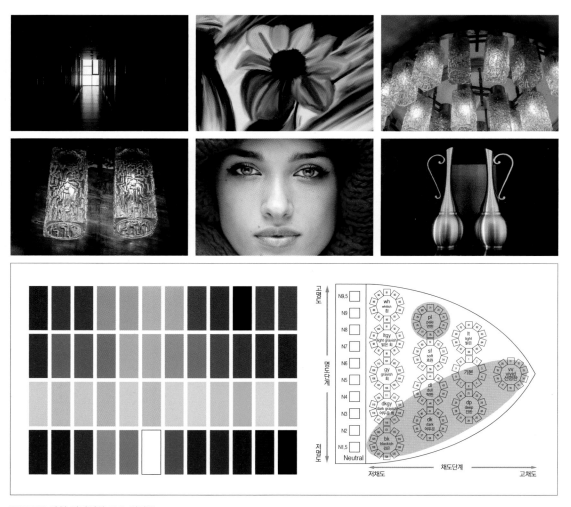

WINTER 타입 이미지와 주요 컬러군

Four Base Color System의 유형별 특징 및 코디 제안

1 봄 Spring

봄 유형 특징

yellow 베이스에 명도와 채도가 높으며 색조가 밝고 생기발랄한 느낌을 지니고 있다. yellow 베이스를 지니고 있기 때문에 얼굴색은 기본적으로 노르스름한 빛을 띠고 있으며 베이지 빛이 감돌거나 붉은빛이 감도는 색이다. 머리카락 색은 노란빛이 감도는 짙은 갈색 또는 노란빛이 감도는 연한 갈색이며 눈동자 색은 녹색, 파란색, 노란빛이 감도는 연한 갈색이 봄 유형에 속한다.

퍼스널 컬러 봄 유형

봄 유형 코디 제안

봄 유형에 속하는 사람은 밝고 투명한 느낌의 색채를 사용하여 생기있고 귀여운 느낌을 살리는 메이크업이 어울리며 너무 강한 라인이나 어두운 색은 피하는 것이 좋다. 소재는 면과 같이 밀도가 높은 텍스처나 보송보송한 느낌의 모헤어 질감 또는 가벼운 오

봄 유형의 코디 제안

간자(Organza) 등이 어울리고 작은 추상적인 무늬나 플라워 무늬 등의 패턴이 어울린다. 액세서리는 큰 것보다는 작은 것이 어울리며 골드나 유리, 비즈 등을 겹쳐서 착용하는 것이 좋다.

2 여름 Summer

여름 유형 특징

blue 베이스에 명도는 높고 채도는 낮아 부드럽고 차가운 이미지이다. 여리여리하고 우아하며 여성스러운 느낌을 지니고 있다. blue 베이스를 지니고 있기 때문에 얼굴색은 기본적으로 푸른빛을 띠고 있으며 희고 밝은 피부에 푸른빛이 혹은 노르스름한 피부에 푸른빛이 감돈다. 머리카락 색은 푸른빛이 감도는 검정색 혹은 갈색이고 눈동자 색은 푸른빛이 감도는 갈색 또는 검정색이 여름 유형에 속한다.

퍼스널 컬러 여름 유형

여름 유형 코디 제안

여름 유형인 사람은 여성스럽고 부드러운 이미지를 부각시키기 위해 소프트한 색채를

여름 유형의 코디 제안

사용하여 엘레강스한 느낌을 살리는 메이크업이 어울리며 노란 기미가 강하게 느껴지는 색채나 화려한 느낌의 색채는 피하는 것이 좋다. 소재는 가볍고 부드러운 실크나 텐셀, 속이 비치는 시폰 등의 소재가 잘 어울린다. 부드러운 곡선 느낌의 프린트나 작은 물방울 무늬, 레이스 등의 패턴을 이용하는 것이 좋다. 액세서리는 골드보다는 실버가 좋으며 부드럽고 속이 비치는 유리 느낌이 잘 어울린다.

3 가을 Autumn

가을 유형 특징

yellow 베이스에 명도와 채도가 낮고 깊이가 있으며 차분하고 이지적인 느낌을 지니고 있다. yellow 베이스를 지니고 있기 때문에 얼굴색은 기본적으로 노르스름한 빛을 띠고 있으며 갈색빛이 감돌거나 붉은빛이 감도는 색이다. 머리카락 색은 황색 빛이 감도는 짙은 갈색 또는 황갈색이며 눈동자 색은 어두운 녹색 또는 파란색, 짙은 갈색이 가을 유형에 속한다.

퍼스널 컬러 가을 유형

가을 유형 코디 제안

가을 유형인 사람은 차분하고 이지적인 이미지를 부각시키기 위해 차분한 색채를 사용하여 시크한 느낌을 살리는 메이크업이 어울리며 지나치게 선명하거나 희미한 색채는 피하는 것이 좋다. 소재는 엉성하고 까슬까슬한 느낌의 마소재나 소재감이 느껴지는 스웨이드 또는 트위드, 울느낌의 소재가 잘 어울리며 딱딱하고 광택있는 소재는 피하는 것이 좋다. 추상적 무늬의 프린트나 트래디셔널(traditional)한 패턴, 페이즐리(paisley) 등의 패턴을 이용하는 것이 좋다. 액세서리는 실버보다는 매트한 느낌의 골드가 좋으며, 에스닉 스타일의 임팩트(impact)가 강한 것으로 포인트를 주는 것이 좋다.

가을 유형의 코디 제안

4 겨울 Winter

겨울 유형 특징

blue 베이스에 명도는 낮고 채도가 높아 샤프(sharp)하고 콘트라스트(contrast)가 강한 이미지이다. 도회적이고 화려하며 세련된 느낌을 지니고 있다. blue 베이스를 지니고 있기 때문에 얼굴색은 기본적으로 흰빛과 푸른빛을 띠고 있으며 노르스름한 피부 또는 약간 붉은 피부에 흰빛이 감도는 색이다. 머리카락 색은 회색빛이 감도는 짙은 갈색이나 회색빛이 감도는 진한 검정색이다. 눈동자 색은 어두운 녹갈색 또는 초록, 푸른빛이 감도는 짙은 갈색이 겨울 유형에 속한다.

퍼스널 컬러 겨울 유형

겨울 유형 코디 제안

겨울 유형인 사람은 도회적이고 세련된 이미지를 부각시키기 위해 임팩트 있는 색채를 사용하여 샤프한 느낌을 살리는 메이크업이 어울리며 희미한 색채 또는 내추럴한 컬러는 피하는 것이 좋다. 소재는 광택이 있거나 뻣뻣한 느낌의 가죽, 벨벳 등이 어울리며 작은 무늬보다는 큰 무늬 또는 기하학적 무늬 등의 패턴을 이용하는 것이 좋다. 액세서리는 실버나 플래티늄, 차가운 느낌의 보석이 잘 어울리며 반짝반짝한 느낌의 액세서리는 피하는 것이 좋다.

겨울 유형의 코디 제안

PRACTICE 04-1

퍼스널 컬러 진단을 통해 자신이 좋아하는 색과 자신에게 어울리는 색을 이용하여 자신만의 컬러 이미지 맵을 완성하여 비교해 본다.

자신이 좋아하는 색의 컬러 이미지 맵

자신에게 어울리는 색의 컬러 이미지 맵

PRACTICE 04-2

Four Base Color System의 유형별 대표 이미지를 찾고 해당 유형에 어울리는 스타일을 맵으로 완성하여 비교해 본다.

봄(SPRING) 유형

봄 유형의 대표 이미지

봄 유형의 대표 컬러

STYLING MAP

여름(SUMMER) 유형

여름 유형의 대표 이미지

여름 유형의 대표 컬러

STYLING MAP

가을(AUTUMN) 유형

가을 유형의 대표 이미지

가을 유형의 대표 컬러

STYLING MAP

겨울(WINTER) 유형

겨울 유형의 대표 이미지

겨울 유형의 대표 컬러

STYLING MAP

05

COLOR EMOTION

컬러 이모션

컬러 이모션
COLOR EMOTION

색채 연상

색이 지닌 기본적인 색채만으로도 인간의 감성이나 메시지를 전달할 수가 있다. 어떤 색을 보았을 때 그 색에 대한 특정한 인상을 기억하게 되거나 색에서 추출되는 어떤 사물이나 형을 결부시켜 생각한다. 이와 같이 색을 볼 때 색과 관계된 사물, 분위기, 이미지 등을 생각해 내는 것을 색채 연상(color association)이라고 한다.

연상적 이미지는 구체적인 것과 추상적 언어로 표현할 수 있다. 구체적인 대상을 떠올리는 것을 구체적 연상이라 하고, 추상적인 관념을 떠올리는 것을 추상적 연상이라 한다. 각 색채의 공통적인 이미지를 파악하면 감성적인 이미지를 구사할 수 있고 색채 활용 효과를 극대화 시킬 수 있다.

1 빨강 Red

빨간색은 시각적 반응을 가장 먼저 느낄 수 있는 색상으로 자극이 강렬하고 역동적이며 외향적인 성격을 지닌 따뜻한 색이다. 뜨거운 태양의 색 이미지로 생명력을 상징하고 따뜻함, 에너지, 애정, 강인함, 정열적, 진취적인 긍정적 이미지와 불안, 긴장, 주의, 자극, 분노, 경고, 충동적인 부정적 이미지를 나타내며 다른 색에 비해서 원초적인 에너지

를 지니고 있다. 순색의 빨간색은 강렬해서 매우 강한 잔상을 남기며 사람들의 주의를 끄는 특성을 가진다. 뷰티 디자인에서 고채도의 빨간색은 강렬하고 섹시한 이미지를 연출할 수 있으며 고명도·저채도의 빨간색은 사랑스럽고 여성스러운 이미지를 표현할 때 활용하기 좋다.

2 주황 Orange

주황색은 빨강과 노랑의 중간색으로 활동적이며 명랑한 느낌을 주는 따뜻한 색이다. 활기찬 이미지로 활력, 만족, 적극, 풍부, 원기, 유쾌함 등을 상징하며 다정하고 사교적인 이미지를 지닌다. 고명도·저채도의 주황색은 다양한 베이지 색으로, 저명도의 어두

운 주황색은 다양한 브라운 색으로 따뜻하고 자연적인 이미지를 갖게 된다. 뷰티 디자인에서 고채도의 선명한 주황색은 에너지가 느껴지는 상큼한 이미지를, 고명도의 Tint 계열의 밝은 주황색은 봄의 이미지로 귀여우면서 로맨틱한 이미지를 표현할 때 활용하기 좋다.

3 노랑 Yellow

노란색은 빛을 나타내는 에너지를 상징하며 명랑하고 힘찬 느낌의 생동감 있는 이미지를 나타내는 봄의 대표적인 색이다. 희망, 명랑, 쾌활함, 젊음, 귀여움, 부, 발전, 권력의 긍정적 이미지와 질투, 불안, 초조, 불신, 비겁함, 시기의 부정적 이미지를 나타낸다. 뷰티 디자인에서 고채도의 선명한 노란색은 가장 밝은 색으로 명시성이 높아 머리 위에 장식 등에 사용하며 명랑하고 화사한 느낌의 캐주얼한 이미지를 연출할 수 있다. 고명도의 Tint계열 밝은 노란색은 귀엽고 로맨틱한 이미지를 표현하며 중명도·중채도의 탁한 노란색은 차분하고 어른스러운 이미지를 나타낸다.

4 초록 Green

초록색은 자연을 나타내는 색으로 생명과 희망의 평온한 이미지이다. 노란색과 파란색의 혼합색으로 온도감에서 강렬한 느낌보다는 차분한 이미지의 중성색이다. 휴식을 주는 초록색은 생명, 풍성함, 평화, 편안함, 이성, 희망, 안전, 중립 등을 상징하며 기분을

온화하게 해서 마음을 편하게 안정시키는 효과가 있다. 뷰티 디자인에서도 자연을 상징하는 대표적인 색으로 노란색과 함께 상큼한 로맨틱 이미지와 내추럴한 이미지를 표현할 때 활용하기 좋다.

5 파랑 Blue

파란색은 차분하며 신비롭고 하늘과 바다를 연상시키는 차가운 색이다. 흥분한 마음을 냉정하게 만드는 자제의 색인 파란색은 지성, 평화, 이성, 미래, 신뢰, 진실, 성실, 생명, 젊음의 긍정적 이미지와 냉정, 의심, 긴장, 우울, 슬픔, 고독의 부정적 이미지를 나타낸다. 뷰티 디자인에서 순색과 고명도의 파란색은 미래적이고 세련되고 고급스러운 이

미지로 여름에 주로 많이 사용하며 저명도의 어두운 파란색은 남색 계열로 이지적이고 신비로우며 모던한 이미지를 표현할 때 활용하기 좋다.

6 보라 Purple

보라색은 빨간색의 활기찬 에너지와 파란색의 차분함 두 가지 속성을 모두 갖고 있는 색으로 신비로움과 매혹적인 느낌이다. 보라색은 우아, 화려, 고상, 신비, 고귀 등의 긍정적인 이미지와 우울, 불안, 고독, 사치 등의 부정적인 이미지를 나타낸다. 뷰티 디자인에서 저채도의 보라색은 여성적이며 우아함과 고귀함을, 고명도의 밝은 보라색은 섬세하면서 아름다운 분위기를 연출할 수 있고, 저명도의 어두운 보라색은 우울하면서 고독한 분위기를 연출할 수 있다. 붉은 기미의 보라는 여성적이고 화려한 느낌을 주며 푸른 기미의 보라는 장엄하고 성숙한 느낌을 준다.

7 분홍 Pink

분홍색은 고명도의 밝은 색으로 낭만, 사랑, 환희, 행복의 연상으로 부드럽고 귀엽고 여성스러운 이미지를 나타낸다. 뷰티 디자인에서 분홍색은 봄의 꽃향기를 연상시키는 로맨틱한 이미지를 표현할 때 연출하기 좋다. 고명도·고채도의 분홍색은 귀여운 이미지를 나타낸다.

8 갈색 Brown

갈색은 검은빛을 띤 주황색으로 순색에서 나타나는 선명한 생동감은 느껴지지 않으나 자연적이고 평온한 느낌을 준다. 대지, 안정, 점잖음, 친근함, 고급스러움 등의 클래식 이미지를 갖는 갈색은 따뜻하면서 마음을 편안하게 만드는 색이다. 뷰티 디자인에서 밝고 옅은 갈색은 부드럽고 온화한 분위기를, 짙은 갈색은 차분하고 클래식한 고급스러움을 표현한다.

9 하양 White

하얀색은 모든 빛을 반사하며 아무런 색도 없는 무채색이다. 청순, 순수, 청초함의 상징
이고 어떤 색과의 배색에도 잘 어울리며 색의 관계를 완화시키고 돋보이게 하는 효과
를 주는 색이다. 하얀색은 무채색 중에서 가장 밝기 때문에 빛, 순결, 청결, 결백, 순수,
청순 등의 이미지를 나타내며 단순함과 생기 없다는 느낌을 주기도 한다. 뷰티 디자인
에서 하얀색은 가장 광범위하게 사용되는 색으로 얼굴에 입체감을 줄 때 사용한다. 오
프 화이트는 편안하고 따뜻한 이미지를 표현할 때 활용하기 좋다.

10 회색 Gray

회색은 하얀색과 검정색의 성격을 모두 가지고 있는 색이다. 시각적으로 자극이 없고
감정을 드러내지 않는 색으로, 명도차를 주면 모든 색과 배색이 가능하여 조화의 색이
라고 말한다. 회색은 안정감, 편안함, 세련됨, 모던함, 고급스러움의 긍정적인 이미지와
평범함, 각박함, 우울함의 부정적인 이미지를 나타낸다. 뷰티 디자인에서 금속과 같은
느낌을 연출할 때 사용하며, 기계적이고 모던한 느낌을 연출할 수 있다.

11 검정 Black

검정색은 모든 빛을 흡수하는 색으로 복합적이고 깊은 느낌을 준다. 배색 시 다른 색의 명도와 채도를 돋보이게 해 더욱 밝고 선명하게 만드는 효과가 있다. 도회적, 세련, 신비, 격조 높은, 고급스러운, 모던한 등의 긍정적 이미지와 죽음, 공포, 절망, 침묵, 허무, 슬픔의 부정적 이미지를 나타낸다. 뷰티 디자인에서 검정은 도회적인 분위기로 아이라인을 강조한 스모키 메이크업에 적용하며 강렬한 이미지를 연출할 수 있다.

이미지 스케일

이미지 스케일이란 인간이 색을 보고 느끼는 감정을 형용사 어휘로 분류해 낸 것이다. 색이 가지는 속성상 다양한 느낌을 동반하는데 이를 표현하는 공통 감각을 형용사로 구분지음으로써 색 언어=이미지라는 등식이 성립한다. 이미지 스케일은 이미지 공간(Image Map)을 활용하는데 이미지 공간은 일정한 색을 보고 대부분의 사람들이 보편적으로 느끼는 감정을 특정 기준에 따라 하나의 공간 좌표

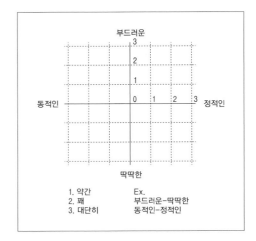

에 위치시킴으로써 색에 대한 객관적인 비교가 가능하도록 만든 것이다. 색의 이미지와 일상적인 감각이 일치하는 질서를 찾아낼 수 있다. 색채 이미지 표현이 무엇보다 중요한 뷰티 디자인에서도 이러한 이미지 스케일을 통해서 색채 감성을 표현하며 다양한 이미지를 통해 커뮤니케이션이 이루어진다.

1 언어 이미지 스케일

언어 이미지 스케일은 색에 대한 사람들의 공통된 이미지를 언어, 즉 형용사와 연관 지어 척도화한 것이다. 고바야시의 형용사 이미지 스케일을 국내 정서에 맞는 언어로 변경하여 만든 IRI 형용사 이미지 스케일은 가로축의 '동적인–정적인', 세로축의 '부드러운–딱딱한'으로 구성되어 있다. '부드러운–동적인' 이미지 공간은 친근감, '부드러운-정적인' 이미지 공간은 세련미, '딱딱한-동적인' 이미지 공간은 역동성, '딱딱한–정적인' 이미지 공

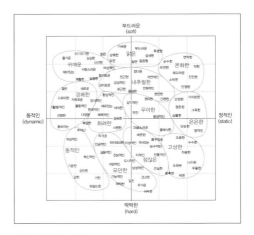

언어 이미지 스케일

간은 신뢰감을 준다. 따라서 색과 어휘를 동일한 척도에 표시하면 같은 위치에 오는 색과 어휘와는 거의 일치하게 된다.

2 색채 이미지 스케일

색채 이미지 스케일에서 가까운 거리에 위치하고 있는 색들은 비슷한 이미지를 가진다고 할 수 있으며, 그 거리가 멀수록 이미지의 차이도 커진다. 보통 색의 이미지는 색상(Hue)보다는 색조(Tone)에 의해 판단되는 경우가 많다. 밝고 선명한 색조는 부드럽고 동적인 이미지 쪽에 가까우며, 어두운 색조는 딱딱한 이미지에 가깝다. 어둡고 수수한 색조는 정적이고 딱딱한 이미지에, 엷고 회색계열의 색조는 부드럽고 정적인 이미지에 치우쳐 있다.

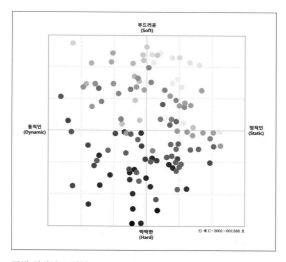

단색 이미지 스케일

배색 이미지 스케일

뷰티 이미지 배색

이미지 배색은 색상(Hue)과 색조(Tone) 배색에 따라서 이미지를 표현하는 것이다. 색채 배색을 통해 뷰티 메시지를 전달할 수 있으며, 이러한 이미지 배색은 언어로 이미지 표현이 가능하며 감성을 표현한 언어는 다시 이미지 배색으로 연출할 수 있다.

1 로맨틱 Romantic

로맨틱 이미지는 여성스러운, 부드러운, 귀엽고 사랑스러운 이미지로 몽환적이고 낭만적인 분위기를 나타낸다. 꽃무늬의 장식적인 요소와 부드러운 질감으로 연출할 수 있다. 로맨틱 이미지에 어울리는 색조는 화이티시 톤, 페일 톤, 라이트 톤의 밝은 Tint Color가 주를 이루며, 분홍은 로맨틱 이미지의 대표 색상으로 분홍, 노랑, 보라, 연두 등 파스텔 색상이 주조를 이룬다. 전체적으로 가볍고 부드러운 색채 중심으로 표현된다. 헤어스타일은 여성스러움을 강조한 웨이브 스타일로 밝은 브라운 등 따뜻하고 부드러움이 느껴지는 밝은 톤의 헤어 컬러로 연출하고, 메이크업에서는 매트함보단 샤이니하고 글로시한 느낌의 핑크, 오렌지, 피치를 주조색으로 립과 아이, 블러셔를 표현한다. 네일 아트는 꽃무늬, 비즈 장식을 활용하여 사랑스러운 로맨틱 이미지를 연출한다.

2 엘레강스 Elegance

엘레강스 이미지는 성숙한 여성의 우아함, 기품이 있는, 고상함이라는 의미로 우아하고 고상하며 세련된 이미지이다. 엘레강스 이미지에 어울리는 색조는 중명도·중채도의 부드러운 소프트 톤, 덜 톤과 우아하고 고상한 이미지를 나타내는 저채도의 라이트 그레이시 톤, 그레이시 톤이다. 지나치게 밝은 색상은 다소 가벼워 보일 수 있다. 색상은 보라를 중심으로 자주, 빨강 등으로 표현하며 강한 콘트라스트(contrast)의 원색은 배제한다. 또 대비를 약하게 함으로써 온화하고 은은한 느낌으로 표현한다. 헤어스타일은 굵은 웨이브가 들어간 업스타일, 또는 로우 포니테일스타일로 부드럽고 둥근 느낌의 우아한 스타일을 연출하고 메이크업은 부드럽고 성숙한 그레이시 톤과 퍼플, 레드 퍼플, 브라운을 전체적으로 차분하고 매트한 느낌으로 표현한다. 네일 아트는 곡선 느낌을 활용하여 엘레강스 이미지를 연출한다.

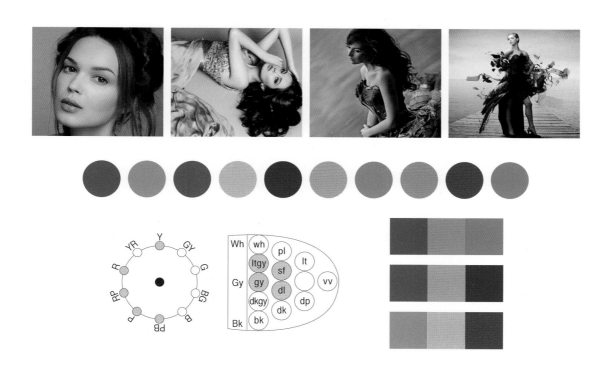

3 내추럴 Natural

내추럴 이미지는 자연의, 자연스러운, 천연의 의미로 인위적이지 않고 자연을 닮은 친근한 이미지이다. 자연이 주는 온화함과 편안함이 반영된 이미지로서 꾸미지 않은 자연 그대로의 순수한 아름다움을 말한다. 내추럴 이미지에 어울리는 색조는 중채도의 소프트 톤, 덜 톤과 라이트 그레이시 톤의 탁색인 Dull Color가 주를 이루며 나무, 숲, 흙 등의 자연 소재에서 얻은 주황계열을 중심으로 베이지, 아이보리, 노랑, 연두, 초록, 갈색 등의 자연색을 위주로 한 색상이 주조를 이룬다. 톤 차이가 크지 않은 톤인톤 배색으로 차가운 느낌보다는 포근하면서 부드럽고 정적인 색채 중심으로 표현한다. 헤어스타일은 굵은 웨이브, 롱 헤어스타일의 브라운 계열로 자연스럽게 연출하고 메이크업은 두껍지 않도록 얇게 표현하며 브라운 컬러로 가볍게 표현하여 인위적인 느낌이 아닌 편안한 분위기가 느껴지도록 표현한다. 네일 아트도 화려하지 않은 차분한 색조인 중채도의 베이지, 브라운으로 자연스러운 내추럴 이미지를 연출한다.

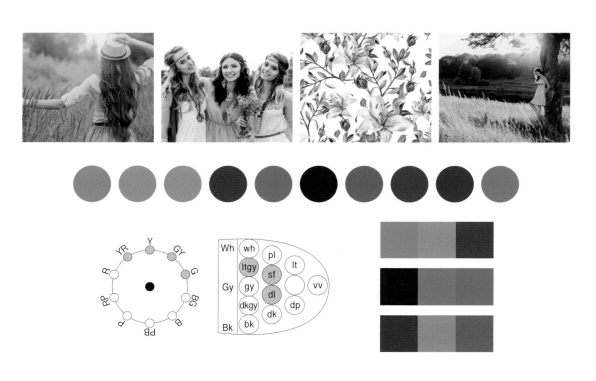

4 프리티 Pretty

프리티 이미지는 귀엽고 소녀적이며 화사하고 부드러운 이미지로, 로맨틱한 이미지보다는 약간 더 화려한 느낌으로 귀엽고 달콤한 이미지를 갖고 있다. 프리티 이미지에 어울리는 색조는 소프트 톤, 라이트 톤, 페일 톤이 주를 이루며 밝고 부드러운 노랑, 주황, 연두, 분홍 등의 따뜻한 계열과 파랑, 보라와 같은 차가운 계열의 색상을 함께 배색하면 사랑스럽고 달콤한 이미지를 표현할 수 있다. 헤어스타일은 앞머리를 자연스럽게 내려주거나 단발 머리형으로 연출하고, 메이크업에서는 밝은 톤의 오렌지, 핑크 등을 블러셔로 사용하여 사랑스러운 이미지를 연출한다. 네일 아트는 도트 모양이나 리본, 비즈 장식 등을 활용하여 귀여운 이미지를 연출한다.

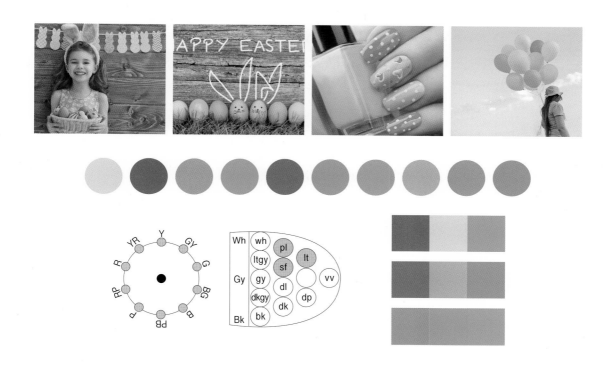

5 클리어 Clear

클리어 이미지는 맑고 깨끗한 이미지로 투명하고 시원한 분위기를 나타낸다. 클리어 이미지에 어울리는 색조는 고명도의 화이티시 톤, 페일 톤과 고채도의 선명한 비비드 톤이 주를 이루며 하양과 파란색계열이 주조를 이룬다. 밝고 연한 난색계열을 포인트로 배색하여 깨끗한 이미지를 나타낸다. 전체적으로 깨끗하고 정적인 이미지를 가지고 있다. 헤어스타일은 단정한 단발이나 스트레이트 스타일로 연출하고, 메이크업에서는 투명한 피부 연출과 고명도의 색 또는 고채도의 한색계열을 이용한 아이섀도로 심플하게 표현하며, 립은 누드 컬러로 연출한다. 네일 아트도 하양이나 맑고 투명한 고명도의 색 또는 고채도의 한색계열로 클리어 이미지를 연출한다.

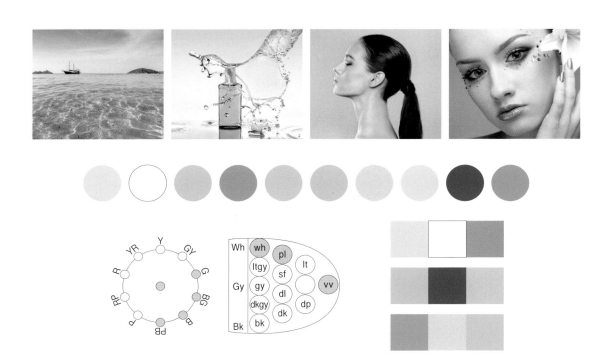

6 캐주얼 Casual

캐주얼 이미지는 젊고 경쾌한 느낌의 자유분방하고 활동적이며 편안하고 생동감 있는 이미지이다. 유쾌하고 명랑한 분위기에 리드미컬한 움직임이 표출된다. 캐주얼 이미지에 어울리는 색조는 고채도의 비비드 톤, 기본 톤인 원색을 주조색으로 사용하며 밝고 화사한 라이트 톤, 페일 톤, 화이티시 톤의 색상 대비가 큰 배색으로 경쾌한 분위기를 한층 살려준다. 노랑, 주황, 초록, 파랑 등 부드러운 느낌의 유사 색상 배색과 활동적이고 자유로운 반대색상 배색으로 캐주얼 느낌을 연출할 수 있다. 헤어스타일은 포니테일이나 아웃컬(out curl) 형태의 단발 헤어 스타일링과 컬러풀한 색상 배색으로 연출한다. 메이크업에서는 피부는 가볍고 밝게 표현하고 아이섀도는 오렌지, 핑크, 옐로, 그린 등의 색을 이용하여 글로시한 질감으로 표현한다. 네일 아트는 선명하고 밝은 색조의 색의 대비가 강한 색상으로 자유로운 패턴을 이용하여 캐주얼한 느낌을 연출한다.

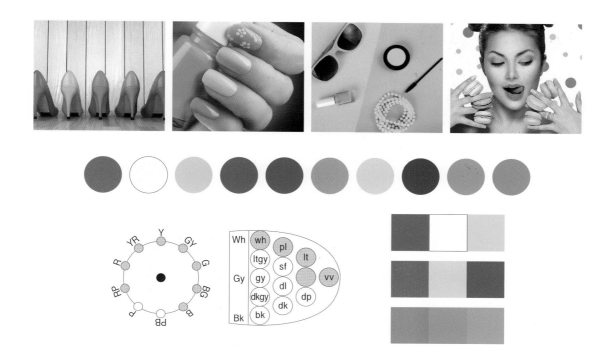

7 다이내믹 Dynamic

다이내믹 이미지는 화려하면서도 역동적인 분위기와 펑크하면서 반항적인 이미지, 스포티하면서 파워풀한 이미지를 나타낸다. 다이내믹 이미지에 어울리는 색조는 고채도의 비비드 톤, 기본 톤, 딥 톤이 주를 이루며, 빨강, 노랑, 파랑, 검정 등의 색을 활용하여 강한 대비 배색으로 역동적인 이미지로 표현한다. 헤어스타일은 원색을 다양하게 활용하여 강한 이미지로 표현하고, 메이크업은 선명한 색상을 대비되도록 표현하여 화려하면서도 역동적인 분위기를 연출한다. 네일 아트는 대비가 강한 고채도의 색상을 직선을 활용하여 연출한다.

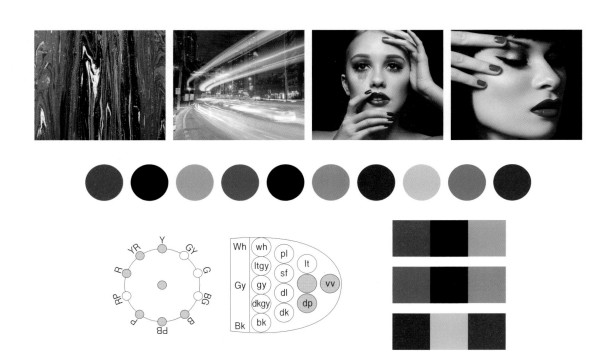

8 고저스 Gorgeous

고저스 이미지는 사치스러우며 호화롭고 성숙한 여성의 이미지로, 상류층의 고급스러우면서도 화려한 분위기를 말한다. 고저스 이미지에 어울리는 색조는 안정감과 원숙미를 표현하는 기본 톤과 딥 톤, 다크 톤의 어두운 Shade Color가 주를 이루며, 색상 배색은 빨간색 계열과 노란색 계열의 난색 계열과 보라색 계열로 표현한다. 헤어스타일은 어두운 색의 업스타일을 하여 호화롭고 매력적인 이미지로 연출한다. 메이크업과 네일 아트는 성숙한 여성의 이미지를 강조하기 위해 퍼플, 와인, 로즈브라운 계열을 활용하고, 펄 재료를 사용하여 호화로운 분위기를 연출한다. 뚜렷한 입술 표현으로 로즈 계열이나 와인 계열을 주로 사용하여 원숙미를 표현한다.

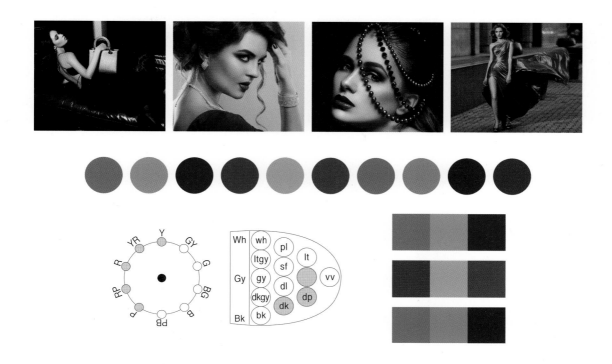

9 모던 Modern

모던 이미지는 현대적·근대적이라는 의미를 갖고 있으며 도회적 감성, 하이테크한 분위기를 나타낸다. 기능적이고 장식이 극히 제한적인 심플한 디자인으로 기하학적인 구조로 연출한다. 모던 이미지에 어울리는 색조는 블랙키시 톤, 다크 톤, 딥 톤의 Shade Color가 주를 이루며 검정, 하양, 회색의 무채색을 기본으로 이미지를 배색한다. 파랑 계열의 차가운 색으로 기계적인 차가운 분위기와 명확한 느낌을 강조한다. 대담한 색상 대비와 명암 대비를 주어 미래 지향적 감각을, 빨강 계열의 강한 이미지 배색은 세련된 이미지를 연출한다. 헤어스타일은 포니테일의 깔끔한 스타일이나 클래식 보브(classic bob)로 세련되고 단정한 이미지를 연출하고, 메이크업은 매트한 피부 표현과 무채색, 블루, 퍼플 등을 주조색으로 표현한다. 네일 아트도 무채색, 저명도의 한색계열로 색상 대비, 명암 대비를 이용하여 표현한다.

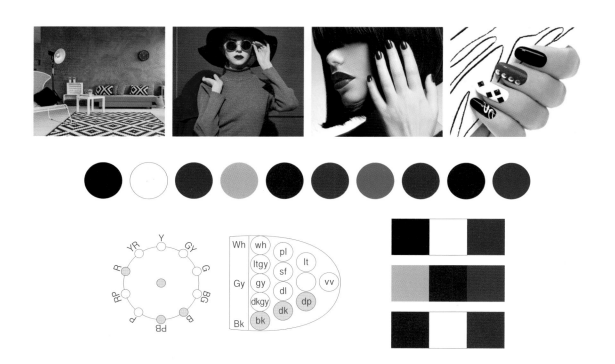

10 시크 Chic

시크 이미지는 멋진, 세련된, 고상한 의미로 절제된 단순미와 도시적인 지성미를 나타
낸다. 시크 이미지에 어울리는 색조는 저채도의 라이트 그레이시 톤, 그레이시 톤, 다크
그레이시 톤으로 퇴색된 듯한 파스텔 톤의 탁색이 주를 이루며, 검정, 회색, 하양의 무
채색으로 차갑고 지적인 느낌을 표현한다. 중명도·저채도의 노란 계열과 보라 계열은
세련된 느낌의 시크 이미지를 표현한다. 헤어스타일은 쇼트 보브로 세련된 이미지를
연출하고, 메이크업에서는 자신의 피부 톤과 일치한 피부표현으로 베이지, 브라운, 그
레이 계열의 색조로 은은하면서 자연스러운 이미지로 표현한다. 립 색상은 누드베이지,
핑크베이지 계열이나 중간색의 로즈브라운을 사용하여 고상한 시크 이미지를 연출한
다. 네일 아트는 다양한 색상의 활용보다 단색의 저채도색으로 연출한다.

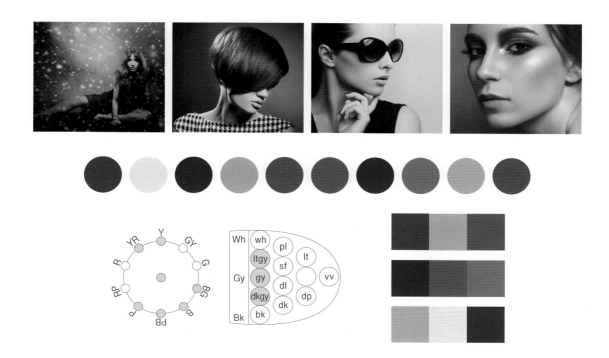

11 댄디 Dandy

댄디 이미지는 멋있는, 세련된 등의 의미가 포함되어 있는 남성적인 이미지로 세련된 간결미를 기본으로 하며 강하고 깔끔한 이미지의 고급스러운 남성적 느낌을 강하게 전달한다. 댄디 이미지에 어울리는 색조는 딥 톤, 다크 톤, 덜 톤, 그레이시 톤의 어두운 색조가 주를 이루며 무채색과 파란 계열, 주황 계열의 저명도 중심으로 배색한다. 헤어스타일은 깔끔한 스타일로 레이어드 쇼트커트와 머리카락 전체를 뒤로 넘긴 올 백(All Back) 스타일과 같이 짧은 머리에 직모 헤어스타일이 어울린다. 메이크업은 약간 어두운 그림자를 넣어 얼굴 윤곽을 살리고 진하고 굵은 눈썹으로 강인한 남성미를 표현한다. 네일 아트는 채도가 낮고 어두운 색을 주조색으로 세련되고 차분한 이미지를 연출한다.

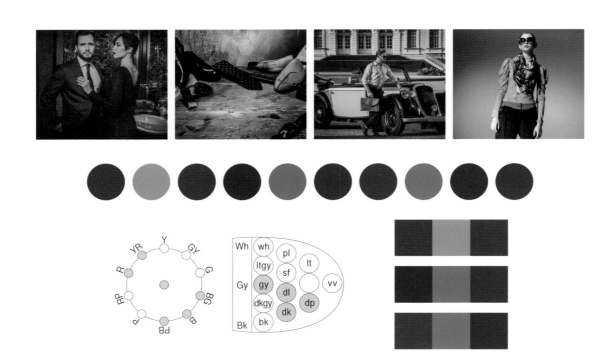

12 클래식 Classic

클래식 이미지는 고전적, 전통적 이라는 의미가 있으며, 시대를 초월하는 가치와 보편 성을 지닌 전통적인 이미지로 차분한 분위기와 고급스러운 중후한 느낌이 있다. 단순 히 오래되었다고 하는 것뿐만 아니고 과거에 완성되었다고 하는 의미가 있다. 클래식 이미지에 어울리는 색조는 딥 톤, 다크 톤, 다크 그레이시 톤, 블랙키시 톤으로 무겁고 어두운 Shade Color가 주를 이루고 갈색 계통을 중심으로 다크 브라운, 와인, 금색, 어 두운 초록(dark green), 네이비 등의 색으로 연출하며 어두운 감색, 검정 등도 사용된 다. 따뜻한 색상을 위주로 대비가 약하게 배색한다. 헤어스타일은 고전적이고 전통적인 스타일로 업스타일이나 웨이브진 짧은 단발로 표현한다. 메이크업은 안정된 피부 표현 에 브라운, 와인색 등을 입체감 있게 표현하여 귀족적이고 지적인 분위기를 연출한다. 네일 아트는 곡선적인 부드러움을 이용하여 브라운, 와인색, 다크 그린의 짙은 색조 배 색으로 고풍스러우면서도 고상한 느낌을 연출한다.

PRACTICE 05-1

잡지 사진, 그림을 활용해 해당 이미지 무드 보드를 만들고, 컬러팔레트를 추출해본다. 추출한 팔레트를 배색하여 해당 이미지를 표현해본다.

로맨틱 이미지 무드 보드(Mood Board)

로맨틱 이미지 컬러팔레트

로맨틱 이미지 배색

엘레강스 이미지 무드 보드(Mood Board)

엘레강스 이미지 컬러팔레트

엘레강스 이미지 배색

PRACTICE 05-3

내추럴 이미지 무드 보드(Mood Board)

내추럴 이미지 컬러팔레트

내추럴 이미지 배색

PRACTICE 05-4

프리티 이미지 무드 보드(Mood Board)

프리티 이미지 컬러팔레트

프리티 이미지 배색

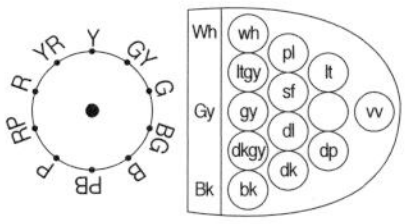

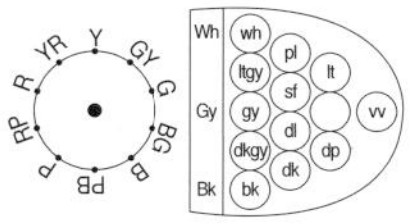

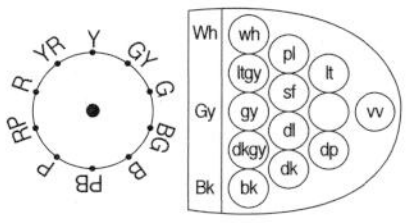

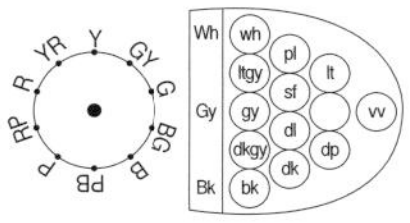

PRACTICE 05-5

클리어 이미지 무드 보드(Mood Board)

클리어 이미지 컬러팔레트

클리어 이미지 배색

캐주얼 이미지 무드 보드(Mood Board)

캐주얼 이미지 컬러팔레트

캐주얼 이미지 배색

PRACTICE 05-7

다이내믹 이미지 무드 보드(Mood Board)

다이내믹 이미지 컬러팔레트

다이내믹 이미지 배색

고저스 이미지 무드 보드(Mood Board)

고저스 이미지 컬러팔레트

고저스 이미지 배색

PRACTICE 05-9

모던 이미지 무드 보드(Mood Board)

모던 이미지 컬러팔레트

모던 이미지 배색

PRACTICE 05-10

시크 이미지 무드 보드(Mood Board)

시크 이미지 컬러팔레트

시크 이미지 배색

PRACTICE 05-11

댄디 이미지 무드 보드(Mood Board)

댄디 이미지 컬러팔레트

댄디 이미지 배색

PRACTICE 05-12

클래식 이미지 무드 보드(Mood Board)

클래식 이미지 컬러팔레트

클래식 이미지 배색

06

COLOR STORYTELLING

컬러스토리텔링

컬러스토리텔링
COLOR STORYTELLING

색채 배색

색은 단독보다는 대부분의 경우 다른 색과 함께 어울린 배색으로 존재한다. 배색이란 디자인에서 색이 적용될 때 두 가지 이상의 색이 조화되어 쓰이는 것을 말한다. 단색으로 아무리 좋은 색이라 해도 주위 색과의 조화감이 있는가, 없는가에 따라서 색이 아름답게 보일 수도 있고, 추하게 보일 수도 있다. 색의 조화란 통일과 변화의 밸런스가 잘 맞을 때를 말하며 배색에는 질서와 균형 감각이 중요하다.

1 색상 · 색조에 따른 배색

동일 색상 배색

같은 색상을 이용한 배색으로 명도, 채도를 다르게 적용하더라도 색상을 통합하는 원리로 조화를 이루게 한다. 동일 색상 배색은 부드럽고 온화한, 은은한 느낌을 얻을 수 있다. 색상 이미지의 통일감과 하나의 이미지만을 강조하고자 할 때 사용한다.

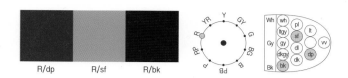

R/dp   R/sf   R/bk

유사 색상 배색

색상환에서 30° 사이의 인접한 색상을 이용한 배색이다. 가까운 색의 조합으로 자연스럽고 눈에 거슬림이 없는 안정적인 느낌의 배색이다. 유사 색상 배색은 색상차가 적기 때문에 톤의 차를 두어 명쾌한 배색을 시도할 수 있다.

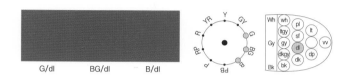

G/dl   BG/dl   B/dl

반대 색상 배색

색상환에서 반대편 위치에 있는 색의 조합으로 보색 색상의 배색이다. 보색에는 삼색보색, 근접보색, 정보색이 있으며 이는 서로 대립되는 색으로 대비효과가 강하고 선명하며 강한 느낌을 준다.

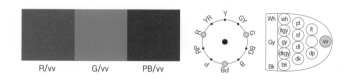

R/vv   G/vv   PB/vv

동일 색조 배색

하나의 색조로 배색하는 것을 말한다. 색조 이미지의 통일감을 준다.

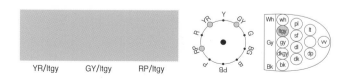

YR/ltgy   GY/ltgy   RP/ltgy

유사 색조 배색

하나의 색조를 기준으로 주변의 색조를 함께 배색하는 것을 말한다. 색상이 다양하나 통일된 이미지를 줄 수 있다.

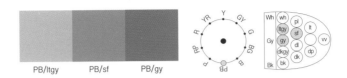

반대 색조 배색

서로 간에 반대 위치인 색조로 배색하는 것을 말한다. 시각적 명쾌함으로 강조효과를 낼 수 있다.

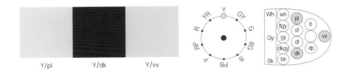

2 베이스컬러(주조색)와 어소트컬러(보조색)

뷰티·패션·인테리어·건축 그 밖에 그래픽 디자인 등 다양한 분야에서 배색을 표현하는 경우 먼저 표현하고 싶은 이미지의 중심 색을 선택한다. 이것이 바로 베이스컬러이며 표현하는 대상 전체의 기초가 되는 색이다. 주조색인 베이스컬러는 그 이미지의 중심이 되고 가장 큰 면적을 차지하는 배경색이다. 그 다음으로 보조색인 어소트컬러나 강조색인 악센트컬러에 따라 배색 전체의 이미지를 발전시켜간다. 조화로운 배색을 위해서는 색이 갖고 있는 힘의 관계가 시각적·심리적 균형을 이루고 있어야 한다. 조화로운 배색을 위해 베이스컬러는 면적의 비례에서 70% 이상의 면적으로, 어소트컬러는 20~30%의 면적으로, 악센트컬러는 5~10% 면적 이내에서 사용한다. 그러나 면적비례보다는 전체의 비례가 중요하므로 색채의 느낌과 균형을 감안해야 한다.

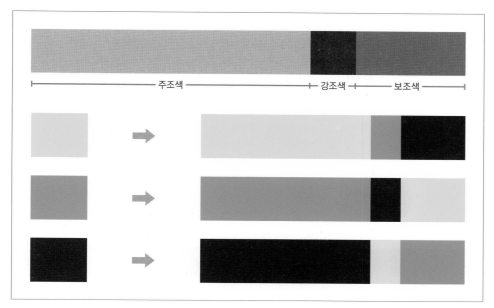

주조색 ├───── 강조색 ──┤─── 보조색 ────┤

면적에 따른 배색 변화

3 악센트컬러 Accent

악센트란 '강조하다, 돋보이게 하다, 눈에 띄다'의 의미이다. 단순한 배색 또는 평범한 배색에 대조색을 소량 추가함으로써 배색에 개성을 주는 기법을 말한다. 악센트컬러로 주조색과 대조적인 색상 또는 톤(명도, 채도)을 사용함으로써 강조점을 부여한다. 또한 다색배색의 경우도 대조색을 소량 추가함으로써 시점을 집중시키는 효과가 있다.

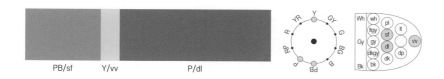

PB/sf   Y/vv   P/dl

4 세퍼레이션 Separation

세퍼레이션이란 '분리시키다, 갈라놓다'의 의미로 너무 가까운 색끼리의 배색은 그 관계가 불분명하므로 인접하는 색과 색 사이에 세퍼레이션 컬러를 삽입함으로써 조화를 구하는 기법이다. 또 색상 대비가 강할 때 색 사이에 무채색을 삽입하여 편안한 시감과 선명함을 주는 배색이다. 슈브뢸의 조화 이론을 기본으로 한 배색이다.

세퍼레이션컬러는 주로 무채색을 사용하지만 금속색을 사용하는 경우도 있다. 교회의 스테인드글라스는 옛날부터 이 기법을 이용하여 색 글라스와 색 글라스가 접하는 부분에 금속을 넣으므로 그림 전체에 명쾌감과 조화를 주고 있다.

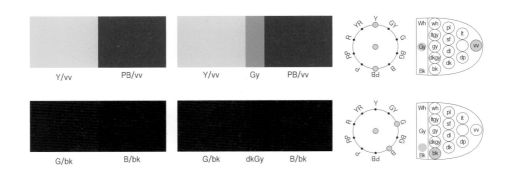

5 그러데이션 Gradation

그러데이션이란 '서서히 변화하는 것, 단계적인 변화'의 의미이다. 또한 색상·색조의 농담법을 의미하기도 한다. 색채를 단계별로 배열함으로써 시각적인 유목감, 유인감을 주는 것을 그러데이션 효과라고 하며 3색 이상의 다색배색에서 이와 같은 효과를 사용한 배색을 그러데이션 배색이라고 한다. 색상, 명도, 채도, 톤 등을 규칙적이면서 점진적으로 변화해 가는 연속 리듬의 효과를 주는 배색으로 시각적인 흐름을 조성하며, 역동적인 느낌을 연출할 수 있다. 미국의 자연과학자 루드(Nicholas Ogden Rood, 1831~1902)의 조화론에 따르면 색상의 자연 배열(무지개 색의 배열, 색상환의 배열) 속에서 그 특징을 찾아볼 수 있으며 색상의 자연스러운 연속과 명암의 단계 변화는 그러데이션의 효과의 전형이라고 할 수 있다. 그러데이션 배색을 색의 3속성별로 파악하면 색상 그러데이션, 명도 그러데이션, 채도 그러데이션, 톤 그러데이션 4가지로 요약할 수 있다.

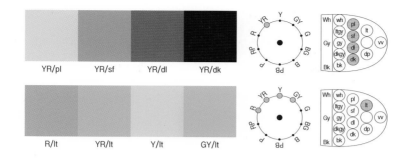

6 레피티션 Repetition

레피티션이란 '되풀이, 반복'을 의미하고, 2색 이상을 사용하여 통일감이 결여된 배색에 일정한 질서와 조화를 주는 기법으로 리듬감과 율동감을 주는 배색이다. 두 색의 배색을 하나의 유닛(unit) 단위로 반복함으로써 전체에 질서와 조화를 줄 수 있다. 이와 같은 배색은 타일의 배색이나 체크무늬 등의 배색에서 볼 수 있다.

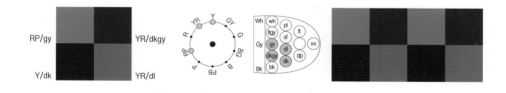

7 도미넌트 Dominant

도미넌트란 '지배적인, 우세한, 주도적인' 의미로 색, 형, 질감 등에 공통된 조건을 갖춤으로써 전체에 통일감을 주는 원리이다. 동일 색상에 의한 도미넌트 컬러배색과 동일색조에 의한 도미넌트 톤배색으로 구분된다. 명도와 채도를 통일하여 도미넌트효과를 얻을 수도 있고, 다색배색의 경우에는 통일감이나 친근감을 주기도 한다. 예를 들어 노을 풍경은 오렌지색 빛으로 전체가 덮여 있기 때문에 전체가 오렌지색을 띠고 있고 안개 낀 겨울 풍경은 전체가 회색으로 덮여 보인다. 전자를 도미넌트컬러, 후자를 도미넌트 톤 배색이라 한다.

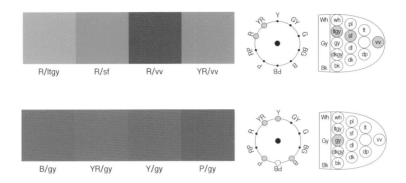

R/ltgy   R/sf   R/vv   YR/vv

B/gy   YR/gy   Y/gy   P/gy

8 톤온톤 Tone on Tone

톤온톤 배색은 '톤을 중복한다, 톤을 겹친다'라는 의미로 동일 색상에서 두 가지 톤의 명도차를 비교적 크게 둔 배색이다. 보통 동색계의 농담배색이라고도 부른다. 예를 들어 벽돌로 구성된 건축물에 빛이 비추고 있는 부분과 그늘진 부분에서 밝은 물색과 곤색, 밝은 녹색과 짙은 녹색 등 자연속에서도 동색계의 농담배색을 많이 볼 수 있으며 그 중 3색 이상의 동색계 농담배색을 톤온톤 배색이라고 한다.

톤온톤 배색은 부드러우며 정리되고 안정된 이미지를 준다. 색상은 동일 색상이나 유사 색상의 범위에서 선택할 수 있다. 다색배색의 톤온톤 배색은 결과적으로 명도의 그러데이션이므로 회화기법의 키아로스쿠로(명암법)와 같다.

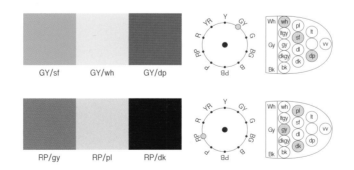

GY/sf   GY/wh   GY/dp

RP/gy   RP/pl   RP/dk

9 톤인톤 Tone in Tone

톤인톤 배색은 근사한 톤의 조합에 의한 배색 기법으로 색상은 동일·유사 색상의 범위 내에서 명도차를 가깝게 한 배색이다. 또 톤은 통일하고 색상은 비교적 자유로운 배색도 톤인톤 배색에 포함시킨다. "카마이유", "포카마이유", "토널 배색"도 톤인톤 배색과 같은 종류이다. 톤인톤 배색은 부드럽고 온화한 효과를 낼 수 있다.

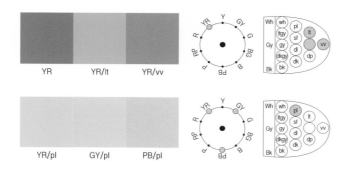

10 토널 Tonal

토널의 의미는 톤의 형용사형으로 '색의 어울림, 색조'를 뜻한다. 토널 배색은 특히 중명도·중채도의 중간색 계열의 dull tone을 기본으로 한 배색이다. 토널 배색은 중~저채도 영역의 비교적 색이 약한 톤(sf, dl)이 중심이 된다. 이와 같이 채도를 낮춘 배색은 각각의 색에서 받는 인상보다도 배색 전체를 지배하는 톤에 의해 이미지가 정해진다. 토널 배색은 전체적으로 차분하고 안정적이며 성숙된 느낌을 준다.

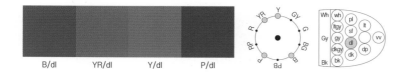

11 카마이유 Camaieu

단색화법을 카마이유화법이라고 한다. 카마이유 배색은 색상과 색조의 차가 거의 근사한 희미한 배색 기법으로 톤인톤 배색과 같은 종류이다. 카마이유 배색은 안정적이고 부드러운 느낌을 주며 거의 가까운 색을 사용하여 미묘한 색의 차이로 애매하게 보이는 것이 특징이다.

RP/gy · P/gy

12 포카마이유 Faux Camaieu

포카마이유 배색의 "포"는 불어로 '가짜의, 거짓의' 의미이고 카마이유 배색이 거의 동일 색상인 것에 대하여 색상이나 색조에 약간 변화를 준 것이 포카마이유 배색이다.

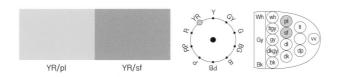

YR/pl · YR/sf

13 트리콜로 Tricolore

트리(tri)는 프랑스어로 '3'의 의미이고 콜로(colore)는 '색'을 의미한다. 3색 배색을 트리콜로 배색이라고 한다. 트리콜로 배색(비콜로배색도)은 국기의 색에 특징적으로 사용되어 확실하고 명쾌한 배색을 나타낸다. 또한 3색 배색을 트리플 컬러워크라고 부르는 경우도 있다.

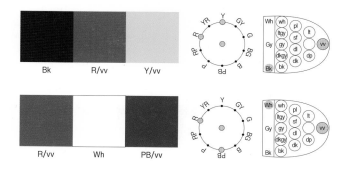

Bk	R/vv	Y/vv

R/vv	Wh	PB/vv

14 비콜로 Bicolore

비콜로란 프랑스어로 '2색의'라는 의미로 영어의 바이칼라(bicolor) 배색과 똑같은 의미이다. 트리콜로 배색과 같이 국기에서 많이 볼 수 있는 배색으로 색상 간의 분명한 대비효과를 가져오며, 규칙적이기 때문에 단정한 느낌을 준다.

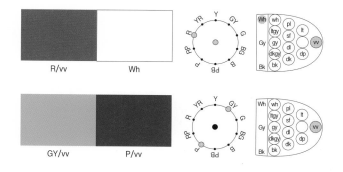

R/vv	Wh

GY/vv	P/vv

컬러스토리텔링

컬러스토리텔링은 '컬러(color) + 스토리(story) + 텔링(telling)'의 합성어로서 말 그대로 '색으로 이야기하다'라는 의미를 지닌다. 즉 상대방에게 알리고자 하는 바를 재미있고 생생한 이야기에 색채를 적용하여 감성을 자극하고 설득력 있게 전달하는 행위이다. 뷰티컬러스토리텔링은 뷰티에 관한 색채의 상징적 의미를 중심으로 다양한 색채 문화적 특성에 대한 감성평가 구조의 언어화를 말한다.

　다음은 뷰티 브랜드 콘셉트를 요약한 것이다. 글을 읽고 이미지를 사진이나 그림으로 나타내고 이미지를 연상할 수 있는 대표 단어들을 3~5개 정도 선정한다. 이미지와 단어가 연상되는 대표 색을 선택하고 색채 배색과 형용사를 통해 뷰티 브랜드 콘셉트를 색채 이미지로 전달한다.

"깨끗한 자연과 건강한 아름다움이 행복하게 공존하는 곳!

피부에 휴식을 주는 섬.

녹차, 유채, 동백의 원료로 자연을 담은 화장품.

건강한 아름다움을 감성적인 이미지로 표현하였다.

서늘한 바람과 나뭇잎에 부서지는 햇살이 느껴지는 아름다운 자연 풍광.

찰나의 순간 붉은빛, 금빛이 일렁이는 억새밭의 풍성한 자연.

맑고 투명한 자연주의 브랜드"

뷰티 스토리 컬러

키워드	단색	배색	형용사
자연, 휴식	GY/vv		깨끗한, 맑은, 투명한
서늘한 바람	B/pl		시원한, 상쾌한, 가벼운
햇살	YR/pl		따뜻한, 싱그러운, 행복한
억새밭	Y/dl		포근한, 편안한
유채, 동백	Y/lt		산뜻한, 예쁜, 향기로운

스토리 이미지

PRACTICE 06-1

다음 배색에 맞게 색지를 붙여보시오.

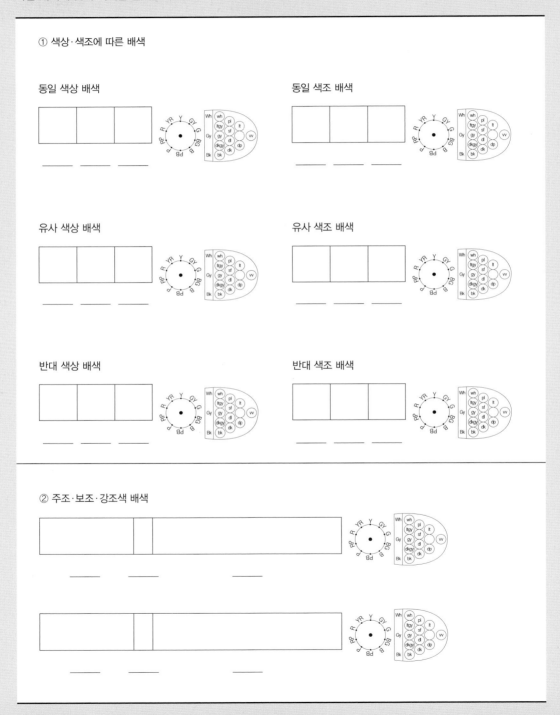

① 색상·색조에 따른 배색

동일 색상 배색

동일 색조 배색

유사 색상 배색

유사 색조 배색

반대 색상 배색

반대 색조 배색

② 주조·보조·강조색 배색

③ 세퍼레이션 배색

④ 그러데이션 배색

⑤ 레피티션 배색

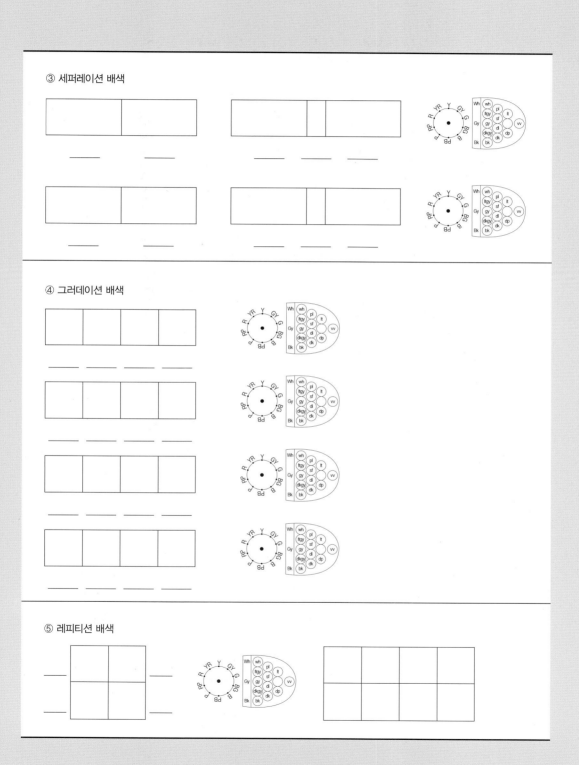

⑥ 도미넌트 배색

⑦ 톤온톤 배색

⑧ 톤인톤 배색

⑨ 토널 배색

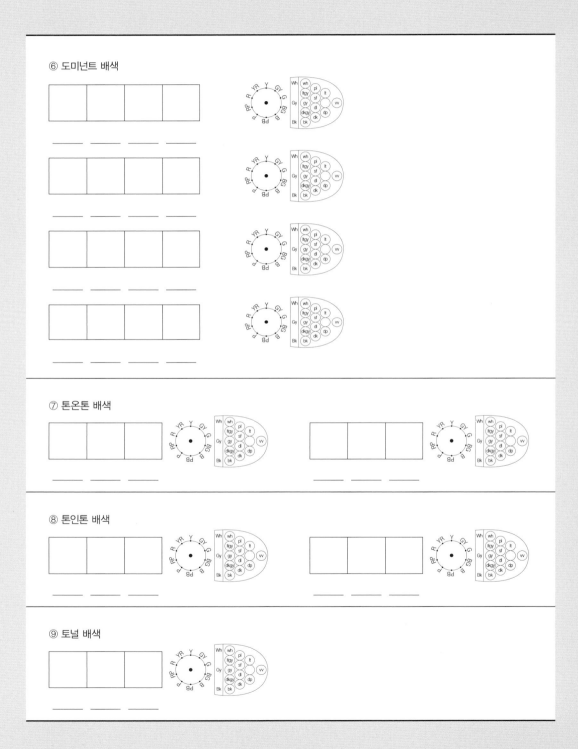

⑩ 카마이유 배색

⑪ 포카마이유 배색

⑫ 트리콜로 배색

⑬ 비콜로 배색

PRACTICE 06-2

다음은 메이크업 컬렉션 이야기를 요약한 것이다. 글을 읽고 이미지를 사진이나 그림으로 나타내고 대표 단어들을 3~5
개 정도 선정한다. 이미지와 단어가 연상되는 대표 색을 선택하고 색채 배색과 형용사를 통해 색채 이미지를 전달한다.

"A사의 홀리데이 메이크업 컬렉션은 사랑스러운 핑크빛 장미로 가득한 파리의
겨울과 눈송이처럼 반짝이는 크리스털. 핑크 드레스의 화려한 스팽글에서 영감을
받아 탄생했다. 은은하게 반짝이는 골드 펄 케이스와 함께 우아하고 사랑스러운
프렌치 메이크업을 완성해준다. 특히 컬렉션에 구성된 아이섀도 팔레트는
클러치 모양 케이스에 한 땀 한 땀 수놓아진 골드 자수에 핑크 리본으로
마무리돼 손에 쥐고만 있어도 시선을 사로잡는 패션 아이템이 된다."

▶ 뷰티 스토리 컬러

키워드	단색	배색	형용사
스토리 이미지			

PRACTICE 06-3

자신의 뷰티 브랜드를 만들어 콘셉트를 요약한다. 콘셉트에 맞는 이미지를 찾고 대표 단어를 3~5개 선정한다. 이미지와
단어가 연상되는 대표 색을 선택하고 색채 배색과 형용사를 통해 뷰티 브랜드의 콘셉트를 색채 이미지로 전달해본다.

■ 콘셉트

....

....

....

▶ 뷰티 스토리 컬러

키워드	단색	배색	형용사
스토리 이미지			

07

BEAUTY COLOR PLANNING

뷰티컬러플래닝

뷰티컬러플래닝
BEAUTY COLOR PLANNING

컬러플래닝

디자인(design)이란 desire(원하다, 희망하다, 요구하다) + sign(기호, 신호, 표시)의 합성어로 '계획하다', '설계하다'의 의미를 내포하고 있다. 크리스토퍼 존스(Christopher Jones)는 특정 문제를 어떻게 해결할 것인가에 대한 계획에서부터 결과물을 얻는데까지의 전 과정, 애시모우(Moris Asimow)는 여러 가지 답안이 있는 문제에 직면했을 때 가장 훌륭한 답을 찾기 위해 결정을 내리는 과정을 디자인이라고 정의하고 있다. 이처럼 디자인 작업에는 출발점과 궤도가 있고 다양한 노선들이 있다. 대상(what), 방법(how), 원인(why) 등에 따라 최종적으로 완성되는 디자인이 달라질 수 있기 때문에 어떠한 과정을 통해 디자인을 완성할지에 따른 디자인 프로세스는 중요하다.

디자인 프로세스는 문제해결을 위한 창조적 사고과정이다. 따라서 디자인의 목적과 대상에 따라 디자인 프로세스는 달라질 수 있으나 포괄적인 시각에서 접근해보면, 다음과 같이 4단계로 나눌 수 있다.

디자인을 창조하기 위한 첫 번째 단계는 문제의 이해, 문제의 발견이다. 우선 폭넓은 사고의 과정에 참여해야 하며 디자인의 문제를 정확히 찾아야 한다. 즉 디자인을 이해하고 발견해야 한다는 것이다. 이러한 발견 단계를 어떻게 시작할 것인가에 대한 질문도 던져야 한다. 디자인은 모든 곳에 존재하기에 충분한 관찰과 준비, 기본적인 문제를 분명하게 이해해야 하는 것이 무엇보다 중요하다.

두 번째 단계는 '계획' 단계이다. 디자인 프로세스에서 계획은 선택사항이 아닌 필수 사항이라고 해도 과언이 아니다. 계획 없이 무엇인가를 도출할 수 있지만 유희에 그칠 수 있다. 물론 계획없이 작업하는 것이 창조적인 사람들에게는 더 하고 싶은 방향일 수도 있다. 그러나 목적에 부합하는 디자인을 창조하기 위해서는 계획을 수립해야 하는데, 계획 단계에서는 체계적인 접근 방법을 통해 합리적으로 작업을 진행하는 스킬이 요구된다. 설계 없이 집을 짓는 것이 어려운 것처럼 계획 없는 디자인은 무의미한 디자인이 될 수 있기 때문이다. 계획 단계에서는 첫 번째 단계인 발견 단계에서 얻은 자료들을 바탕으로 디자인의 목표(objective)와 목적을 위한 아이디어 구상을 해야 한다. 쉬운 과정은 아니지만 무엇을 어떻게 계획하여 문제를 해결할 것인가에 대한 구체적인 계획이 있어야 다음 단계인 '창조' 단계로 나아갈 수 있기 때문에 계획은 매우 중요하다.

세 번째 단계는 '창조' 단계이다. 이 단계에서는 구상된 아이디어의 콘셉트와 디자인의 방향을 결정해야 하는 아이디어 다루기가 이루어지며, 개념적 혹은 실용적인 새 아이디어를 개발하는 관념화와 아이디어들을 평가하고 선택해야 과정이 진행된다. 이 때 딱 맞는 아이디어를 찾아야 하는 과정에서 목표를 위해서는 좋은 아이디어라 하더라도 버려야 할 상황이 발생할 수 있다. 이 창조 단계에서 준비의 부족이나 충분한 계획의 토대없이 목표를 너무 높게 잡아 난관에 이를 수 있다. 그러나 발견과 계획의 단계를 꼼꼼히 거쳤다면 디자인방향을 수립하는데 어려움이 없을 것이다.

마지막 네 번째 단계는 실질적인 디자인하기, '적용' 단계이다. 목적과 대상에 따라 가장 적합한 결과물을 도출해내기 위해 문제를 발견하고 이를 해결하기 위한 계획을 수립하는 과정이 앞선 과정이었다면 이 단계에서는 결과물을 시각적으로 가장 보기 좋게 도출해내는 통합적 활동의 단계이다.

지금까지 설명한 디자인 프로세스는 꼭 위와 같은 순서로 진행되는 것은 아니며 목적과 대상에 따라, 디자인을 수행하는 개인의 성향에 따라 순서가 바뀔 수도 있다.

지금부터 위에서 제시한 디자인 프로세스를 기준으로 메이크업, 헤어, 보디페인팅, 네일 디자인의 뷰티 앤 컬러디자인의 예를 살펴보도록 하겠다.

HAIR DESIGN COLOR PLANNING

- **Title** : pure imagine
- **Concept** : 투명하고 순수한 유토피아를 상상하여 다양한 컬러와 텍스처로 조화롭게 연출
- **Image keyword** : 은은한, 순수한, 감성적인

Moodboard

Color Palette

- 주조색
  BASE COLOR
- 보조색
  ASSORT COLOR
- 강조색
  ACCENT COLOR
- 면적비례
  PROPORTION

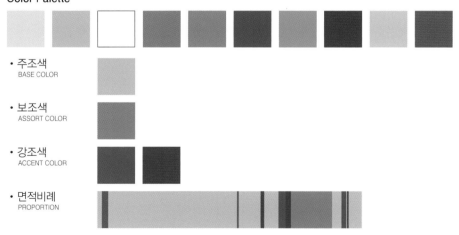

컬러 계획을 위한 전체적인 콘셉트를 정하고, 이미지 키워드를 선정한 후 그에 해당되는 이미지를 찾아 무드보드 작업을 합니다. 무드보드의 느낌을 색채 팔레트로 구성합니다. 구성한 색채 팔레트에서 주조색, 보조색, 강조색을 추출하고 각 색채의 비례를 조절하여 이미지 키워드에 어울리는 색채를 찾아 배색 비례띠를 완성합니다. 이미지의 분석하는 의도에 따라 다양하게 변화할 수 있는 색채 디자인 감각 연습으로 여러 가지 다른 이미지를 응용하여 색채 디자인 응용력을 길러줍니다.

Hair Design

MAKE-UP DESIGN COLOR PLANNING

- **Title** : sophisticated flavor
- **Concept** : 형형색색의 매력적인 공작새의 깃털을 상징화시켜 아이 메이크업을 강조
- **Image keyword** : 세련된, 매력적인, 감각적인

Moodboard

Color Palette

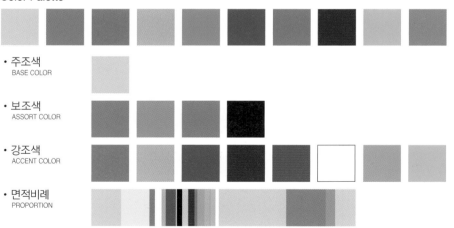

- **주조색**
  BASE COLOR
- **보조색**
  ASSORT COLOR
- **강조색**
  ACCENT COLOR
- **면적비례**
  PROPORTION

컬러 계획을 위한 전체적인 콘셉트를 정하고, 이미지 키워드를 선정한 후 그에 해당되는 이미지를 찾아 무드보드 작업을 합니다. 무드보드의 느낌을 색채 팔레트로 구성합니다. 구성한 색채 팔레트에서 주조색, 보조색, 강조색을 추출하고 각 색채의 비례를 조절하여 이미지 키워드에 어울리는 색채를 찾아 배색 비례띠를 완성합니다. 이미지의 분석하는 의도에 따라 다양하게 변화할 수 있는 색채 디자인 감각 연습으로 여러 가지 다른 이미지를 응용하여 색채 디자인 응용력을 길러줍니다.

Make-up Design

NAIL DESIGN COLOR PLANNING

- **Title** : unexpected decoration
- **Concept** : 붉은 장미의 정열과 반짝이는 크리스털로 화려하고 여성스러움을 연출
- **Image keyword** : 화려한, 장식적인, 정열적인

Moodboard

Color Palette

- **주조색**
  BASE COLOR

- **보조색**
  ASSORT COLOR

- **강조색**
  ACCENT COLOR

- **면적비례**
  PROPORTION

컬러 계획을 위한 전체적인 콘셉트를 정하고, 이미지 키워드를 선정한 후 그에 해당되는 이미지를 찾아 무드보드 작업을 합니다. 무드보드의 느낌을 색채 팔레트로 구성합니다. 구성한 색채 팔레트에서 주조색, 보조색, 강조색을 추출하고 각 색채의 비례를 조절하여 이미지 키워드에 어울리는 색채를 찾아 배색 비례띠를 완성합니다. 이미지의 분석하는 의도에 따라 다양하게 변화할 수 있는 색채 디자인 감각 연습으로 여러 가지 다른 이미지를 응용하여 색채 디자인 응용력을 길러줍니다.

Nail Design

BODYPAINTING DESIGN COLOR PLANNING

- **Title** : abstract touch
- **Concept** : 역동적이고 파워풀한 패턴과 컬러로 극명한 대비를 주어 입체감 있게 연출
- **Image keyword** : 다이내믹한, 개성적인, 율동적인

Moodboard

Color Palette

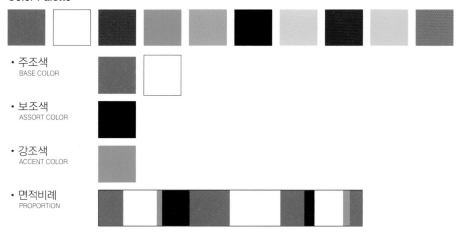

- **주조색**
  BASE COLOR

- **보조색**
  ASSORT COLOR

- **강조색**
  ACCENT COLOR

- **면적비례**
  PROPORTION

컬러 계획을 위한 전체적인 콘셉트를 정하고, 이미지 키워드를 선정한 후 그에 해당되는 이미지를 찾아 무드보드 작업을 합니다. 무드보드의 느낌을 색채 팔레트로 구성합니다. 구성한 색채 팔레트에서 주조색, 보조색, 강조색을 추출하고 각 색채의 비례를 조절하여 이미지 키워드에 어울리는 색채를 찾아 배색 비례띠를 완성합니다. 이미지의 분석하는 의도에 따라 다양하게 변화할 수 있는 색채 디자인 감각 연습으로 여러 가지 다른 이미지를 응용하여 색채 디자인 응용력을 길러줍니다.

Bodypainting Design

PRACTICE 07-1 HAIR DESIGN COLOR PLANNING

- Title :
- Concept :
- Image keyword :

Moodboard

Color Palette

- 주조색
  BASE COLOR

- 보조색
  ASSORT COLOR

- 강조색
  ACCENT COLOR

- 면적비례
  PROPORTION

컬러 계획을 위한 전체적인 콘셉트를 정하고, 이미지 키워드를 선정한 후 그에 해당되는 이미지를 찾아 무드보드 작업을 합니다. 무드보드의 느낌을 색채 팔레트로 구성합니다. 구성한 색채 팔레트에서 주조색, 보조색, 강조색을 추출하고 각 색채의 비례를 조절하여 이미지 키워드에 어울리는 색채를 찾아 배색 비례띠를 완성합니다. 이미지의 분석하는 의도에 따라 다양하게 변화할 수 있는 색채 디자인 감각 연습으로 여러 가지 다른 이미지를 응용하여 색채 디자인 응용력을 길러줍니다.

Hair Design

PRACTICE 07-2 MAKE-UP DESIGN COLOR PLANNING

· Title :

· Concept :

· Image keyword :

Moodboard

Color Palette

· 주조색
BASE COLOR

· 보조색
ASSORT COLOR

· 강조색
ACCENT COLOR

· 면적비례
PROPORTION

컬러 계획을 위한 전체적인 콘셉트를 정하고, 이미지 키워드를 선정한 후 그에 해당되는 이미지를 찾아 무드보드 작업을 합니다. 무드보드의 느낌을 색채 팔레트로 구성합니다. 구성한 색채 팔레트에서 주조색, 보조색, 강조색을 추출하고 각 색채의 비례를 조절하여 이미지 키워드에 어울리는 색채를 찾아 배색 비례띠를 완성합니다. 이미지의 분석하는 의도에 따라 다양하게 변화할 수 있는 색채 디자인 감각 연습으로 여러 가지 다른 이미지를 응용하여 색채 디자인 응용력을 길러줍니다.

Make-up Design

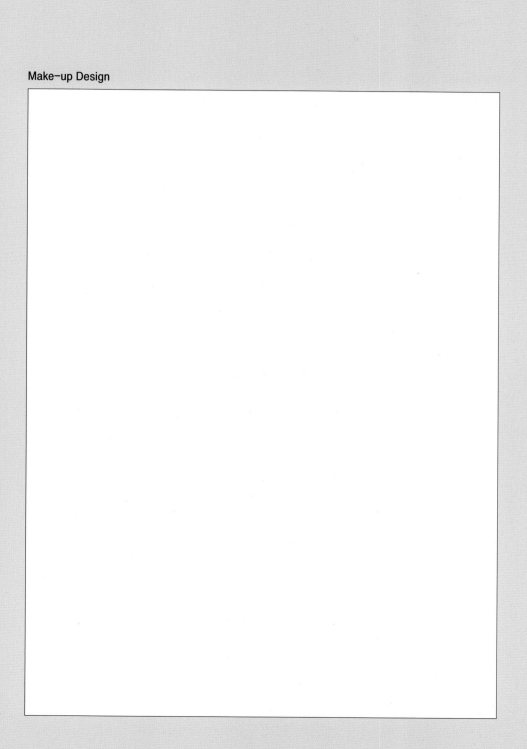

PRACTICE 07-3 NAIL DESIGN COLOR PLANNING

- Title :
- Concept :
- Image keyword :

Moodboard

Color Palette

- 주조색
  BASE COLOR

- 보조색
  ASSORT COLOR

- 강조색
  ACCENT COLOR

- 면적비례
  PROPORTION

컬러 계획을 위한 전체적인 콘셉트를 정하고, 이미지 키워드를 선정한 후 그에 해당되는 이미지를 찾아 무드보드 작업을 합니다. 무드보드의 느낌을 색채 팔레트로 구성합니다. 구성한 색채 팔레트에서 주조색, 보조색, 강조색을 추출하고 각 색채의 비례를 조절하여 이미지 키워드에 어울리는 색채를 찾아 배색 비례띠를 완성합니다. 이미지의 분석하는 의도에 따라 다양하게 변화할 수 있는 색채 디자인 감각 연습으로 여러 가지 다른 이미지를 응용하여 색채 디자인 응용력을 길러줍니다.

Nail Design

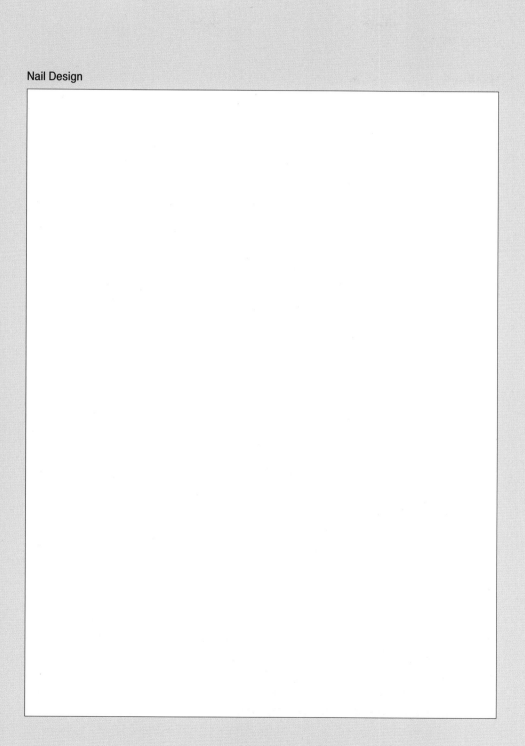

PRACTICE 07-4 BODYPAINTING DESIGN COLOR PLANNING

- Title :
- Concept :
- Image keyword :

Moodboard

Color Palette

- 주조색
  BASE COLOR

- 보조색
  ASSORT COLOR

- 강조색
  ACCENT COLOR

- 면적비례
  PROPORTION

컬러 계획을 위한 전체적인 콘셉트를 정하고, 이미지 키워드를 선정한 후 그에 해당되는 이미지를 찾아 무드보드 작업을 합니다. 무드보드의 느낌을 색채 팔레트로 구성합니다. 구성한 색채 팔레트에서 주조색, 보조색, 강조색을 추출하고 각 색채의 비례를 조절하여 이미지 키워드에 어울리는 색채를 찾아 배색 비례띠를 완성합니다. 이미지의 분석하는 의도에 따라 다양하게 변화할 수 있는 색채 디자인 감각 연습으로 여러 가지 다른 이미지를 응용하여 색채 디자인 응용력을 길러줍니다.

Bodypainting Design

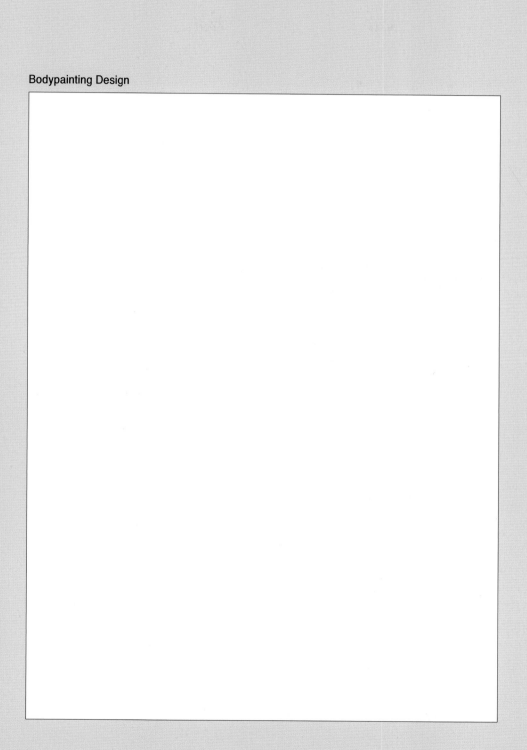

REFERENCE
참고문헌

권태일 외(2007). 뉴네일아트. 메디시언.

김기창(2002). 컬러리스트. 도서출판 국제.

김민경(2005). 김민경의 실용색채활용. 예림.

김민경(2010). (김민경의)실용색채활용=KMK practical color design. 예림.

김애경, 제기연(2013). 미용색채학. 교문사.

김영란 외(2012). (프로페셔널)이미지 메이킹. 경춘사.

김영인 외 7인(2009). 패션의 색채언어. 교문사.

김옥연 외(2013). NEW 미용문화사. 메디시언.

김용선 외(2004). 미용색채. 곽문각.

김용선(2011). 뷰티색채디자인. 예림.

김유순 외(2004). COLOR & PERSONALCOLOR. 예림.

김정은, 김진선(2014). 컬러리스트기사·산업기사 실기. 예문사.

김희선 외(2009). 색채 디자인. 광문각.

문은배(2011). 색채디자인 교과서. 안그라픽스.

박소정 외(2014). 뷰티문화사. 청구문화사.

박승옥, 김홍석(2005). (컬러리스트를 위한) 색채과학 15강. 국제.

박연선(2007). 색채용어사전. 예림.

박영순, 이현주(2012). 색채와 디자인. 교문사.

박온련, 김은정(2007). color. 형설출판사.

박효철(2015). 환경색채디자인. 도서출판 서우.

송서현 외(2014). 퍼스널 컬러 코디네이트. 한국메이크업협회.

요제프 알버스(2013). 변의숙, 진교진 옮김. 색채의 상호작용. 도서출판 경당.

우석진(2002). 컬러리스트기사/산업기사 필기. 서울:(주)영진닷컴.

우흥룡(1996). 디자인 사고와 방법. 창미.

이재만(2004). 컬러하모니. 일진사.

정갑연, 김은주(2012). 미용학개론. 훈민사.

정연자, 김진희(2015). 뷰티 디자인. 교문사.

정연자, 신세영(2015). Makeup is Art. 교문사.

존게이지(2011). 박수진, 한재현 옮김. 색채의 역사: 미술, 과학 그리고 상징. 사회평론.

최영훈, 손계중, 유대석(2004). 색채의 원리와 활용. 미진사.

파버비렌(1993). 김화중 옮김. 색채심리. 동국출판사.

한귀자, 한정아(2013). 색채학 15강. 정문각.

Albers Josef(1975). The Interaction of Color. Yale University Press.

Birren Faber(1969). Principles of Color. Van Nostrand Reinhold Co.

Carole Jackson(1984). Color Me Beautiful. The Random house publishing group.

Chevreul Michel E.(1967). The Principles of Harmony and Contrast of Colors. Reinhold Publishing Co.

Garan Augusto(1993). Color Harmonies. University of Chicago Press.

Hunt, R. W. G.(2001). Measuring Color. John Wiley and Sons.

Janne richmond(2011). 김민경 옮김. Color me beautiful. 예림.

Leatrice Eiseman(2003). THE COLOR ANSWER BOOK. Capital books.

Scott Baenes(2012). Face to Face. Fair Winds press.

Veronique Henderson, Pat Henshaw(2006). Colour me confident. Hamlyn.

INDEX
찾아보기

저자소개

정연자
건국대학교 일반대학원 복식디자인 이학박사
건국대학교 디자인대학 뷰티디자인전공 교수

신세영
연세대학교 생활디자인학과 박사
서경대학교 미용예술학과 교수

제나나
이화여자대학교 일반대학원 색채디자인 박사
한국산업기술대학교, 이화여자대학교 외래강사

윤지영
건국대학교 일반대학원 뷰티디자인전공 박사과정
전 이화여자대학교 색채디자인연구소 연구원

BEAUTY & COLOR
뷰티 앤 컬러

2017년 2월 27일 초판 인쇄 | 2017년 3월 6일 초판 발행

지은이 정연자·신세영·제나나·윤지영 | **펴낸이** 류제동 | **펴낸곳 교문사**

편집부장 모은영 | **책임진행** 이유나 | **디자인** 신나리 | **본문편집** 김재은

제작 김선형 | **홍보** 이보람 | **영업** 이진석·정용섭·진경민 | **출력·인쇄** 동화인쇄 | **제본** 한진제본

주소 (10881) 경기도 파주시 문발로 116 | **전화** 031-955-6111 | **팩스** 031-955-0955

홈페이지 www.gyomoon.com | **E-mail** genie@gyomoon.com

등록 1960. 10. 28. 제406-2006-000035호

ISBN 978-89-363-1632-7(93590) | 값 17,300원